放下的力量——情绪、压力管理手册

—FANG XIA DE LI LIANG—

放下的力量

放下心中的执著，持花而行

杰　西◎编著

西苑出版社

图书在版编目（CIP）数据

放下的力量 / 杰西编著. —北京：西苑出版社,2011.9

ISBN 978-7-5151-0088-3

Ⅰ.①放… Ⅱ.①杰… Ⅲ.①人生哲学－通俗读物 Ⅳ.①B821-49

中国版本图书馆CIP数据核字（2011）第180459号

放下的力量

编　　著	杰 西
出版发行	西苑出版社
通讯地址	北京市海淀区阜石路15号　邮政编码：100143
	电　话：010-64210030　传　真：010-64283954
	网　址　www.xycbs.com　E-mail: xycbs8@126.com
印　　刷	北京亚通印刷有限责任公司
经　　销	全国新华书店
开　　本	640mm×960mm　1/16
字　　数	180千字
印　　张	13.5
版　　次	2012年1月第1版
印　　次	2012年1月第1次印刷
书　　号	ISBN 978-7-5151-0088-3
定　　价	28.00 元

前言
一念放下，万般自在

一位苦者找到一个和尚倾诉心事。他说：“我放不下一些事，放不下一个人。”和尚说：“没有什么东西是放不下的。”他说：“这些事和人，我就偏偏放不下。”和尚让他拿着一个茶杯，然后就往里面倒热水，一直倒到水溢出来。苦者被烫到马上松开了手。和尚说：“这个世界上没有什么东西是放不下的，痛了，你自然就会放下。”

是的，痛了，就放下了，没有什么是不能放下的。不能放下，是因为还不够痛。如果，坚持比放弃更痛，那就是放手之际了。

我们生活在一个充满竞争的、瞬息万变的时代，每天都不得不面对各种来自家庭、生活、工作、学习等各方面的压力。最近的一次调查表明，患精神疾病的人数已超过心血管病，跃居我国疾病患者的首位，约占20%，更加触目惊心的是：中国每年有28万人自杀死亡，200万人自杀未遂。生活在这样一个现代化的社会，你既不能逃避现实给你的压力，也不能用粗暴的攻击方式去解除它，因此学会在压力下放松自己已经越来越成为一个现代人的重要课题。

学会放下，我们首先要做的就是要接纳，接纳不完美的自己，接纳光彩熠熠的别人，而后正视这种差距，化压力为动力，寻找到一个让自己快乐的定位。其实，累与不累，快乐与不快乐，只是一种感觉，主要取决于自己的心态和对待问题的方式。

举一个很简单的例子：一杯水拿一分钟，谁都可以；拿一个小时，可能觉得手酸但还可以忍受；拿一天，情况就会比较严重了。其实这杯水的重量是一样的，但是你拿得越久，就越觉得沉重。这就像我们承担着压力一样，如果我们一直把压力放在身上，到最后就会觉得压力越来越沉重而无法承担。我们必须做的是放下这杯水，休息一下后再拿起，这样我们才能拿得更久。所以，面对压力和痛苦，我们只是换一种方式和心态去看待它或许就豁然开朗了。

我们放不下的，无外乎感情、事业、权势、名利、自尊，还有痛苦，而这些都是“生不带来死不带走”的东西，当回归生命最原始最本真的生与死的时候，这所有的一些都将化为乌有。

学会放下，是一种生活的智慧，学会放下，是一门心灵的学问。烦恼如手中气球，放开知其自由和奔放；人生就如一杯清茶，放下才能品出其清甜和香郁。

从容的人面对生活的诸多变故，心灵总是云淡风清；即使生活总是风生水起，内心也依然波澜不惊。心灵的内存有限，只有放下过去，释放新的空间，才能装下更多新的美好的东西。放下时的割舍是疼痛的，疼痛过后却是轻松！放下的过程，也是得到的过程。当你紧握双手，里面什么都没有；而当你松开双手，世界就在你手中。这便是放下的智慧和力量。

宠辱不惊，看庭前花开花落；去留无意，望天空云卷云舒。

一念放下，万般皆自在。

目录 CONTENTS

Part 1
放下一切，幸福来自我们的轻装前行

你能放下多少，幸福就有多少

释怀过去方能享受幸福人生

在1999年中央电视台的春节联欢晚会上，崔永元、赵本山、宋丹丹合演了一个名叫《昨天今天明天》的小品，谈论的主题就是“昨天、今天、明天”。其实，人生只有三天：已经逝去的昨天，进行中的今天和即将到来的明天。昨天，已经随着时间的流逝，成为了历史，是人生中不可磨灭的印记和重要组成部分，但它毕竟已成过去，是永远都无法改变的事实。

德国心理学家艾宾浩斯19世纪时，曾通过大量实验描绘出人类学习的遗忘曲线，并将其命名为“艾宾浩斯遗忘曲线”。从这条曲线中，我们可以发现：在当下这一刻认为完全记住的东西在20分钟之后，有42%已经被遗忘；1小时之后有56%被忘遗忘；9小时之后遗忘率高达64%，此后的遗忘率上升的趋势则变得较平缓。

学习中，遗忘是必须尽力克服的一个难题，但在现实生活中，“遗忘”的作用显而易见，是十分重要的。人有一个坏习惯，一种特定气氛和环境中，总是会时不时地回忆过去，尽管过去已经无法从现实中找到一点影子。回忆中有很多种情绪，有的是对以往过失的忏悔，有的是对过去辉煌的留恋……与其沉湎过去的点点滴滴，何不就干脆一点，在过去和现在的交会点上，遗忘过去，把握现在，潇洒地让它真正过去。

出生于美国新泽西州市郊一座古老小镇上的26个成年人，难得聚到了一起，他们都曾是同一个问题班级中学生。

那时，他们还只是个孩子，却都已有过不光彩的历史：有人进过少管所、有人吸过毒，甚至有人在一年里堕了3次胎。面对这样一群问题学生，许多老师都已失去了信心，就连他们的父母也觉得束手无策了。

新学期开学的第一天，这个班级来了新的辅导老师——一个名叫腓娜的女教师。腓娜站在他们面前，给出了一道题：

有三个候选人，倘若其中的一个会名垂青史，你觉得哪个最有可能？他们的情况分别如下：

A. 迷信巫医，有两个情妇，嗜酒如命，有多年的吸烟史。

B. 曾经两次被从办公室赶出来，每天要到吃午饭时才起床，每个晚上都要喝将近1公升的白兰地，而且曾经吸食过鸦片。

C. 曾获国家授予的“战斗英雄”称号，有良好的素食习惯，有艺术天赋，偶尔喝点酒，青年时代从没做过违法的事。

26个孩子无一例外地投票给了C，均认为A和B将来肯定不会有好的结局，而C必定是一个品德高尚的人，肯定会成为伟大的人物。

事实却大大出乎孩子们的预料：“你们的结论也许符合一般的判断，但实际上，你们都错了。这三个人都是二战时期大名鼎鼎的人物——A是富兰克林·罗斯福，他身残志坚，是美国历史上唯一一位连任四届总统的伟大人物；B是温斯顿·丘吉尔，他是拯救了英国的著名首相；而C是阿道夫·希特勒，是夺去了几千万无辜生命的法西斯头目。”孩子们听到这样的答案，无不张口结舌地说不出话来。

“孩子们！”腓娜继续说，“你们的人生才刚刚迈出第一步，过去的错误和耻辱只能说明过去，真正能代表人一生的，是他现在和将来的作为。走出旧日的阴影吧，从今天开始，努力做自己最想做的事情，你们都将成为人人景仰的杰出人才。”

正是这番话改变了26个孩子的命运，正如他们在这次聚会上谈到的那样：“原来我们都觉得自己已经无药可救，是腓娜老师让我们认清了一条真理：过去并不是最重要的，重要的是如何把握现在和将来。”

事实上，他们也确实放下过去，拥有了全新的人生。如今，他们中有的做了法官、有的做了心理医生、有的当了飞机驾驶员。最值得一提的是，当年班里那个最爱调皮捣蛋的小个子罗伯特·哈里森，现在已经成了华尔街最年轻的基金经理人。

“从前种种譬如昨日死，今日种种譬如今日生。”弘一法师在出家后写下的这副对联正说明了昨日的事不必再牵挂，过去的好与坏，都已不再重要。昔日就像河水已经汇入湖泊大海，昨天的小溪也许已经成为大海的滴滴水珠。过去有了结果，历史自有评说，时间会做出裁决。

拥有难忘辉煌的过去，并不代表今天也能延续过往的辉煌；曾经的挫折与困难，也不会成为人生路上的唯一主题。不管过去的道路是顺遂还是坎坷，上天都赐给了我们极其宝贵的礼物——遗忘。

懂得幸福真谛的人，往往都是“健忘者”。他们不会沉浸在过往的美梦或泥潭之中，他们更看重当下，而不是那些“陈芝麻烂谷子”的过去。正如柏杨先生所说：“有光荣的历史，不证明有光荣的现在。昨天光荣，不证明今天也光荣。一个生气勃勃、健康而有能力大踏步的年轻人，不会炫耀他读幼儿园小班时，口齿是如何流利。一个年老病夫，成天坐在养老院的摇椅上，或坐在街头的长凳上，偶尔和同年龄的人聚在一起，才总是喋喋不休地谈‘想当年’英雄往事。”

遗忘是把利剑，斩断的不仅是理应忘记的包袱，还有功利虚荣和不平之心，切除内心的腐朽，留下充满阳光和快乐的乐观之心。学会遗忘，善于遗忘，清除你内心的垃圾，释怀过往的种种，我们就会得到好心情，更多的快乐和幸福也会进驻我们的人生。

快乐活在此刻，尽心就是完美

当生命走向尽头的时候，你问自己一个问题：你对这一生觉得了无遗憾吗？你认为想做的事你都做了吗？你有没有好好笑过、真正快乐过？

想想看，你这一生是怎么度过的：年轻的时候，拼了命想挤进一流的大学；随后，巴不得赶快毕业找一份好工作；接着，迫不及待地结婚、生小孩；然后，又整天盼望小孩快点长大，好减轻自己的负担；后来，小孩长大了，又恨不得赶快退休；最后，真的退休了，不过，也老得几乎连路都走不动了……当你正想停下来好好喘口气的时候，生命也快要结束了。

我们劳碌了一生，时时刻刻为生命担忧，为未来做准备，一心一意计划着以后发生的事，却忘了把眼光放在“现在”，等到时间一分一秒地溜过，才恍然大悟“时不我予”。

库里希坡斯曾说：“过去与未来并不是‘存在’的东西，而是

‘存在过’和‘可能存在’的东西。唯一‘存在’的是现在。”

一位哲学家在古罗马的废墟里发现了一尊神像。由于从来没见过这样的神像，哲学家好奇地问它：“你是什么神啊，为什么有两张面孔？”

神像回答：“我的名字叫双面神。我可以一面回视过去，吸取教训；一面仰望将来，充满希望。”

哲学家又问：“那么现在呢？最有意义的现在，你注视了吗？”

“现在？”神像一愣，“我只顾着过去和将来，哪还有时间管现在？”

哲学家说：“过去的已经逝去了，将来的还没有来到，我们唯一能把握的就是现在。如果无视现在，那么即使你对过去、未来了如指掌，那又有什么意义呢？”

神像一听，恍然大悟，他失声痛哭起来：“你说得没错，就是因为抓不住现在，所以古罗马城才成为历史，我自己也被人丢在了废墟里。”

人要学会在现在中生活。细想一下，除了“现在”，我们永远不能生活在任何其他时刻，我们所能把握的只有现在的时光。事实上，大多数的人都无法专注于“现在”，他们总是若有所想，心不在焉，想着明天、明年甚至下半辈子的事。许多人喜欢预支明天的烦恼，想要早一步解决掉明天的烦恼。假若你时时刻刻都将力气耗费在未知的未来，却对眼前的一切视若无睹，你永远也不会得到快乐。

有个小和尚，每天早上负责清扫寺院里的落叶。

清晨起床扫落叶实在是一件苦差事，尤其在秋冬之际，每一次起风时，树叶总随风飞舞。每天早上都需要花费许多时间才能清扫完树叶，这让小和尚头痛不已，他一直想要找个好办法让自己轻松些。

后来有个和尚跟他说：“你在明天打扫之前先用力摇树，把落叶统统摇下来，后天就可以不用扫落叶了。”小和尚觉得这是个好办法，于是隔日他起了个大早，使劲猛摇树，这样他就可以把今天跟明天的落叶一次扫干净了。一整天小和尚都非常开心。

第二天，小和尚到院子里一看，不禁傻眼了，院子里如往日一样满地落叶。老和尚走了过来，对小和尚说：“傻孩子，无论你今天怎么用力，明天的落叶还是会飘下来。”小和尚终于明白了，世上有很多事是无法提前的，唯有认真地活在当下，才是最真实的人生态度。

智者常劝世人要“活在当下”。到底什么叫做“当下”？简单地说，“当下”指的就是：你现在正在做的事、待的地方、周围一起工作和生活的人。“活在当下”就是要你把关注的焦点集中在这些人、事、物上面，全心全意认真去接纳、品尝、投入和体验这一切。活在当下是一种全身心地投入人生的生活方式。当你活在当下，没有过去拖在你后面，也没有未来拉着你往前时，你全部的能量都集中在这一时刻，生命因此具有一种巨大的张力。

珍惜生命，珍视“今天”，不放弃每天的努力，是成功者们共同信奉的信条。今天，正值韶华的你，如果珍视每一分钟，你的生活又会是怎样呢？多读一分钟：书太多了，人的时间太少了，多浪费一分钟，少阅读一本书。经常省下零零星星的一分钟，拿出一本喜欢又被遗忘很久的书来阅读。多读一分钟，你会感到很惬意。多玩一分钟，人生倏忽一百年，少得可怜。每天多留一分钟，看一看山水，看一看大海和天空，看一看星星和月亮，就能把人生演绎得美妙多情些。

多陪孩子一分钟：孩子才是人生里最重要的资产之一，多一分钟赚钱，便少一分钟与孩子相处的机会。与孩子相处，你可以返璞归真，拥有童稚之心，无忧，欢乐。

多陪爱人一分钟：爱人不是用来拌嘴的对象，她是六十亿分之一的缘分与修得五百年福分的集合，在终老之前多陪她一分钟。一个一分钟很少，百个一分钟也不多，但是千千万万个一分钟，可就不少了。

一位作家这样说过：“当你存心去找快乐的时候，往往找不到，唯有让自己活在‘现在’，全神贯注于周围的事物，快乐才会不请自来。”或许人生的意义，不过是嗅嗅身旁每一朵绚丽的花，享受一路走来的点点滴滴而已。只有享受花开的现在，才能为自己的生活增加实实在在的香气与幸福。

幸福的榜单上，没有排名

一位思想家曾说：“不要为自己所没有的东西感到苦恼，能享受自己现在所拥有的，才是最聪明的人。”法国哲学家孟德斯鸠也说过：“假如一个人只是希望幸福，这很容易达到；然而，我们总是希望比其他人幸福，这就是困难所在，因为一般人坚信其他人比自己实际上更幸福。”

幸福，其实可以很简单，却也可能很难。如果只注意远方遥不可及的海市蜃楼，那么就一定会白白错过近在咫尺的良辰美景。寻找幸福的过程中，不存在输赢的问题，更不存在名次问题。得不到的，不一定最好。

现实生活中，有些人盲目地认为，只要自己是最棒的，是第一名，就是幸福的。但生活中，第一名永远只有一个，而且是可遇而不可求的。对于那些真正明白幸福真谛的人而言，第二名、第三名，甚至排不到任何的名次，同样可以拥有幸福。巴兹·艾德林，便是一个懂得幸福的典型。

1969年7月21日2点56分，第一位踏上月球的航天员阿姆斯特朗扶着登月舱的阶梯踏上了月球，说道：“这是我个人的一小步，但却是全人类的一大步。”自此，阿姆斯特朗和他的这句话名留青史，成为全世界人民心目中的大英雄。

当时与阿姆斯特朗共同登上月球的，还有他的队友巴兹·艾德林。当时，两人只有一步之差，结果却有着天壤之别：阿姆斯特朗以踏上地外星球的第一人而闻名于世，艾德林却默默无名，知道他的人寥寥无几。

在登月完成之后的庆功宴上，当人们为这项前所未有的创举激动不已、兴奋莫名时，一名记者突然问艾德林：“艾德林先生，您和阿姆斯特朗先生一同登上月球，阿姆斯特朗先下了太空舱，成为登陆月球的第一人，就您个人来说，会不会觉得有些遗憾？”

听到这样的问话，气氛一下子降到了冰点，众人纷纷把目光投向了艾德林，看他怎么接下这突如其来的烫手山芋。就连太空英雄阿姆斯特朗都显得有些尴尬、不知所措。然而，艾德林却神情自若，微笑着环顾了一眼众人说：“各位，千万别忘了，回到地面

时，我可是最先走出太空舱的，所以，我是从别的星球来到地球的第一人。”

话音刚落，人群中响起了一阵笑声，同时也化解了尴尬的场面，热烈的掌声持续了一分钟之久。

也许战争中需要斗出个输赢，但是生活完全没有必要非要将成败弄得清楚。生活，需要的是一种像艾德林般的睿智，并不是一定要分出个高下，拼出个你死我活，甚至要能在适当的时候主动从受从膜拜的偶像或英雄的光环中隐退。

心理专家分析，一个人若是能在适当的时间选择做短暂的隐退（不论是自愿还是被迫），都是一个很好的转机，因为它能让你留出时间观察和思考，使你在独处的时候找到自己内在真正的世界。“隐退”就是进行深层学习，一方面挖掘自己的阴影，一方面重新上发条，平衡日后的生活。当你志得意满的时候，是很难想象没有掌声的日子的。但如果你要一辈子获得持久的掌声，就要懂得享受“隐退”。

四十岁那年，欧文从广告公司人事经理被提升为总经理。三年后，正值人生最巅峰阶段的他自动“开除”自己，奋勇地从急流中跳出，舍弃堂堂“总经理”的头衔，改任没有实权的顾问。用欧文自己的话来说：“我不是退休，而是转进。”

“总经理”三个字对多数人而言，代表着财富、地位，是事业身份的象征。然而，在短短三年的总经理生涯中，欧文感触颇深的，却是诸多的“无可奈何”与“不得而为”。在发现了这一问题后，他全面地打量自己，回顾三年来所做的工作。不可否认，总经理的工作确实曾给他带来过别人看来的光鲜亮丽，周围想巴结自己的人更是不在少数。然而，这些除了让他每天疲于奔命、穷于应付之外，并没有带给他任何实际性的东西，就连外人想象中的开心都没有。经过深思熟虑之后，他决定辞职，“人要回到原点，才能更轻松自在。”欧文如是说，“我很想试试看，人生是不是还有别的路可走。”

辞职以后，一切总经理级的待遇自然全都没有了，司机、车子一并还给公司，应酬也减到最低。但是，不当总经理的欧文，却感觉顿时轻松了许多。欧文的时间突然多了起来，他把大半的精力拿来写作，抒发自己在广告领域多年的观察心得。

事实上，欧文在写作上很有天分，而且多年的职场经历给他积累了大量的素材。现在欧文已经是某知名杂志的专栏作家，期间还完成了两本管理学著作，欧文迎来了他人生的第二个辉煌。

有许多人把“隐退”当做是“失败”，事实上，“隐退”很可能只是转移阵地，或者是为了下一场战役储备新的能量。曾经做过杂志主编，翻译出版过许多知名畅销书的班塞说过：“在其位的时候，总觉得什么都不能舍，一旦真的舍了之后，又发现好像什么都可以舍。”只要心中有对幸福的渴望，就需先放下对名次、光环的贪恋与执着，因为：幸福的榜单上，没有排名。

学会放下，幸福需要自己来成全

不幸福只因不单纯

《伊索寓言》讲述了这样一则故事：

有一次，孙子和祖父进林子里去捕野鸡。祖父教孙子用一种捕猎机，它像一只箱子，用木棍支起，木棍上系着的绳子一直接到他们隐蔽的灌木丛中。野鸡受撒下的玉米粒的诱惑，一路啄食，就会进入箱子，只要一拉绳子就大功告成了。

支好箱子藏起不久，就有一群野鸡飞来，共有九只。大概是饿久了的缘故，不一会儿就有六只野鸡走进了箱子。孙子正要拉绳子，可转念一想，那三只也会进去的，再等等吧。等了一会儿，那三只非但没进去，反而走出来三只。

孙子后悔了，对自己说，哪怕再有一只走进去就拉绳子。接着，又有两只走了出来。如果这时拉绳，还能套住一只。但孙子对失去的好运不甘心，心想着还会有些野鸡要回去的，所以迟迟没有拉绳。

结果，连最后那一只也走了出来。孙子一只野鸡也没有捕到。

想要获得幸福其实很简单，重要的是对追求过程的一种体验，

而不是结果。结果无论成败得失，只要中间过程带来了欢乐喜悦，那就行了。要是我们得不到我们希望的东西，最好不要让忧虑和悔恨来苦恼我们的生活，且让我们原谅自己，学得豁达一点。古希腊哲学家科蒂说：“一个人生活上的快乐，应该来自尽可能少的对外来事物的依赖。”罗马政治学家及哲学家塞尼加也说：“如果你一直觉得不满，那么即使你拥有了整个世界，也会觉得伤心。”

简而言之，获得幸福的不二法门就是：单纯些，单纯些，再单纯些。这个世界物欲太无穷，而人生却太有限。一个人要想贪占天下所有的东西，灾难就要来了。做人必须要想透，人生一定要顿悟。物欲为己，此生不宁；物欲为后，子孙不旺。古人早已告诫过我们“以德遗后者昌，以财遗后者亡”。

现代人的生活过得太复杂了，到处都充斥着金钱、功名、利欲的角逐，到处都充斥着新奇和时髦的事物。被这样复杂的生活所牵扯，如果你想过一种幸福快乐的生活，就不能背负太多不必要的包袱，要学会删繁就简。美国哲学家梭罗有一句名言感人至深：“简单点儿，再简单点儿！奢侈与舒适的生活，实际上妨碍了人类的进步。”他发现，当他生活上的需要简化到最低限度时，生活反而更加充实。因为他已经无须为了满足那些不必要的欲望而使心神分散。

用过电脑的朋友都知道，在系统中安装的应用软件越多，电脑运行的速度就越慢，并且在电脑运行的过程中，还会有大量的垃圾文件、错误信息不断产生，若不及时清理掉，不仅会影响电脑的运行速度，还会造成死机甚至整个系统的瘫痪。所以必须定期地删除多余的软件，清理掉那些无用的垃圾文件，这样才能保证电脑的正常运转。

单纯地做人，单纯地生活，没什么不好。很多时候只有删除了生活中诸如金钱、功名、挫折、失败这一类多余的“软件”，幸福才能显现出来。人生如海，潮起潮落，既有春风得意、高潮迭起的快乐，也有万念俱灰、惆怅漠然的凄苦。如果把人生的旅途描绘成图，那一定是高低起伏的曲线。快乐时，不妨尽情地享受快乐，珍惜拥有的一切。而当痛苦和不幸降临时，也不要怨叹、悲泣。

“我之所以高兴，是因为我心中的明灯没有熄灭。道路虽然艰难，但我却不停地去求索我生命中细小的快乐。如果门太矮、我会弯下腰；如果我可以挪开前进路上的绊脚石，我就会去动手挪开，如果石头太重，我可以换条路走。我在每天的生活中都可以找到高兴事儿。信仰使我能够以一种快乐的心态面对事物。”歌德夫人如是说。

一位住在佛州的快乐农夫，当买下那片农场的时候，他觉得非常颓丧。那块地坏得既不能种水果，也不能养猪，能生长的只有白杨树及响尾蛇。然而，他想到了一个好主意，要把他所拥有的变成一种资产——他要利用那些响尾蛇。

他的做法使每一个人都很吃惊，因为他开始做响尾蛇肉罐头。之后，每年来参观他的响尾蛇农场的游客差不多有两万人。他的生意做得非常大。由他养的响尾蛇中所取出来的蛇毒，运送到各大药厂去做蛇毒的血清。而响尾蛇皮以很高的价钱卖出去做鞋子和皮包；另外，装着响尾蛇肉的罐头送到全世界各地的顾客手里。后来为了纪念这位农夫把有毒的柠檬做成了甜美的柠檬水，这个村子现在已改名为响尾蛇村。

将生活中遭遇的一切都单纯化后，你会发现，自己用不着挖空心思去追逐名利，用不着留意别人的眼神，没有锁链的心灵，快乐而自由，随心所欲，想哭就哭，想笑就笑。幸福在这种单纯间，竟不期而至了。

只要有一颗清净的心，即能获取幸福

生活中，幸福没有统一的答案，也没有一定的模式，但是仍然需要一种捕获的心境。幸福的内涵无限丰富，只要善于捕捉，用心灵去发现，哪怕是一条温暖的短信问候，一句关爱的叮咛，一缕初夏的凉风，一个日常生活琐碎的片段……都能令人感受到幸福，关键在于人是否拥有一颗懂得享受幸福的清静之心。

1945年3月的一天，贝雅S·S318号潜艇的雷达发现有一艘驱逐舰队正往他们的方向开来，于是罗勒·摩尔和其他87位军人就向其中的一艘驱逐舰发射了三枚鱼雷，但都没有击中。但当他们准备攻击另一艘布雷舰的时候，它突然掉头向潜艇开来，可能是一架日本飞机看见这艘60英尺深的潜艇，用无线电告诉这艘布雷舰。

摩尔等人立刻将自己的潜艇潜到150英尺地方，以免被日方探测到，同时也准备应付深水炸弹。他们在所有的船盖上多加了几层栓子。3分钟之后，突然天崩地裂，6枚深水炸弹在他们的四周爆炸。他们的潜艇一直往水底沉，他们都吓坏了。

按照常理，在当时的这种情况下，摩尔等人差不多是在劫难逃了。顿时，摩尔吓得停止了呼吸，心想："这回完蛋了。"在电扇和空调系统关闭之后，潜艇的温度升到近40度，但摩尔却全身发冷，牙齿打颤，身冒冷汗。15个小时之后，攻击停止了，极有可能是那艘布雷舰的炸弹用光了，所以离开了。

这15个小时的攻击，对摩尔来说，显得无比漫长。在那段时间里，他过去所有的生活都一一浮现在眼前，他想到了以前所犯下的错，所有他曾担心过的一些很无聊的小事。他非常讨厌自己的老板，因为这位老板常给他制造麻烦；他记得每晚回家的时候，总感到非常疲倦和难过，常常跟妻子为一点小事吵架；他也为自己额头上的一块小疤发愁过。他曾经为工作时间长、薪水太少、没有多少机会升迁而发愁；也曾经为没有办法买自己的房子，没有钱买部新车子，没有钱给妻子买好衣服而忧虑……后来，他说："多年以来，那些令人发愁的事看来都是大事，可是在深水炸弹威胁着要把他送上西天的时候，这些事情又是多么的荒唐、渺小。"

就在那个生死攸关的时刻，摩尔发誓，如果还有机会见到太阳和星星的话，他永远不会再忧虑。

幸福其实是无遮无拦的，就像山坡上静静地吐着芬芳的野花，没有围墙，也不需要门票，只要有一颗清净的心和一双未被遮住的眼睛，就能得到。

但是，生活难免会有些许的不如意：当我们生活在灿烂的阳光下，面对现实也会有阴暗的角落；当我们飞翔在风和日丽的天空，也会有乌云飘来的时候；当我们航行在浩瀚大海，也会随时面临狂风恶浪的挑战……是否能拥有幸福，就看你的心了。

在一场举世瞩目的台球赛事中，上一届的世界冠军依然发挥良好，只要把最后那个8号黑球打进球门，他就可以站在卫冕的领奖台上了。就在这时，不知从什么地方飞来一只苍蝇。第一次，苍蝇落在他握杆的手臂上，有些痒，他停了下来。苍蝇飞走了，没想到竟落在了他深锁的眉头上。他只好再次不情愿地停下来，去打那只苍蝇，苍蝇又轻捷地脱逃了。他做了一番深呼吸再次准备击球，这时那只苍蝇又回来了，不偏不倚地落在了他的目标——8号黑球上。他怒不可遏，拿起球杆对着苍蝇就捅了过去。苍蝇受到惊吓飞走了，可球杆却在无意中触动了黑球，他就这样丢掉了一次打球的机会。按照比赛规则，轮到对手击球了。原本几乎已经放弃的对手抓住这次千载难逢的机会，一口气拿下了冠军的宝座。

卫冕失败，他恨死了那只苍蝇，再加上承受不了大众的压力，不久就自己结束了生命。直到生命的最后一刻，他仍然对那只苍蝇耿耿于怀。倘若他能克制自己，并静待那只苍蝇飞走的话，故事的结局或许就会重写了。

人生中，总是有很多的琐事纠缠着我们，像是令摩尔深感不满的日常生活，又像是令世界冠军卫冕失败的苍蝇，但是我们不能与它们斤斤计较。

一个人心智成熟的人，必定能控制住自己的情绪与行为，不致使这些鸡毛蒜皮影响生活继续前进的方向；而一个心情清静的人，则明白只要顺其自然地、平淡地看待周围的一切，得之无喜色，失之无悔色，这些都可能是幸福路上的小插曲而已，或者也直接可将其视为幸福的一个部分。

人生苦短，何必太计较

转个弯，会看到更美的风景

记得有位哲人曾说："我们的痛苦不是问题的本身带来的，而是我们对这些问题的看法而产生的。"由此可知，从痛苦中解脱的最好方式是面对不同的情况，用不同的思路去多角度地分析问题。因为事物都是多面性的，视角不同，所得的结果就不同。

李菁和李礼都出生于20世纪70年代，受过良好的高等教育，从学校毕业后，她们都选择了一项自己热爱的职业——化妆品行业。

刚入行的李礼为了帮公司争取到优惠的合作条件，曾在烈日炎炎下的马路上坐了6个小时，才把主事的人——商场业务主管等回来。李菁的运气也好不到哪儿去。她曾经一身学生气地提着满满一箱化妆品的样品，去拜访北京各大百货商场的化妆部经理，被人不分青红皂白地赶了出来，还指责她：“外语系毕业的小姑娘，不去外企大公司，跑到这儿来卖什么化妆品？也不怕掉价儿……”

但是她们并未因此放弃，相反她们更努力地坚持了下来。“你不知道刚开始有多苦，”李菁对同事说，“我们根本没有休息日，白天盯销售，晚上盘库存。常常是商场一开门就冲进去，晚上关门后才出来。整日和销售员一起站着，做促销，搞活动。我们之所以可以坚持下来，就是因为从来没有把自己摆得过高。只有努力从低层做起的人才能稳扎稳打，能上能下。”

正值如花般年纪的二人，为了自己钟爱的事业，忍受了许多同龄人无法忍受的艰难。在相当长的一段时间里，她们在一间没有空调、暖气，没有卫生间的简陋库房里工作，成箱的货品都是自己在一级级台阶搬上搬下。

她们曾经真的受了不少委屈，但却换来了自己想要的。自1995年以来，李菁和李礼一直效力于曾先后作为纪梵希、范思哲、幽兰、安娜苏等国际知名化妆品品牌的中国地区总代理的法意公司。她们曾为这些品牌在中国的推广创下了骄人的战绩，李菁和李礼也因此成为化妆品行业里几乎无人不晓的名字，一个是市场部总监，一个是销售部总监。

或许有些人认为她们是为了要追求成功、名利，才愿意付出如此之多，但在她们看来，成功的定义就是要“开心”，要“感觉好”。每当遇到不顺心的事，就宽慰自己一句“比上不足，比下有余”，烦闷也就烟消云散了。

“比上不足，比下有余”，这就是李菁与李礼这对姐妹花面对困境时的“新”思路。很多时候，人们所谓的烦恼都是由于自己觉得自己不如周围的人而衍生出来的。如果一味地与某些方面胜于自己比较，生活必然会陷入无尽的挫败与失落之中。这时，不妨转个弯、换个角度，做回鲁迅笔下的阿Q，像李菁与李礼一样以“比下有余”来宽慰自己。这样，即便我们面对的是一个极其难解的生活习题，也必然能给充斥的灰色加入一些亮丽的色彩，问题的难度会相应地降低许多。

有一个年轻的女子在河堤边投河自尽时，被正在河中清理垃圾的清洁员救了起来。清洁员看了看她，问道："看你年纪轻轻的，为什么会想不开，做这种傻事呢？"

女子边啜泣边说："我结婚刚刚两年，丈夫就抛弃了我，没多久孩子就得了重病夭折了。在这种双重打击下，你说我活着还有什么意思啊？"

清洁员听了女子的哭诉，低头沉思了一会儿说："两年前，你还没结婚时，日子是怎么过的？"

女子忽然听清洁员这样问她，顿了一下，说："那时的我，自由自在，无忧无虑，生活过得惬意极了。"

清洁员接着问："那时的你有丈夫，有孩子吗？"

女子忙辩解说："当然没有！"

"那么，现在的你不过是被命运之船送回到了两年前，这一切发生之前而已。现在你又可以恢复自由自在，过无忧无虑的生活了，你还有什么想不开的呢？"清洁员疑惑地问她。

听罢清洁员的话，女子恍然大悟，擦干脸上的泪水，向清洁员道了谢之后，毅然上岸离开了。从此，她再没有轻生，是清洁员的一席让她从另一个角度看到了生活中的希望。

虽说生活就是问题叠着问题，不可能将所有的问题都解决掉，但任何一个问题都是可以解决的，而且不只一种解决办法。当遇到问题时，不妨让自己的思路转个弯，转换一下看问题的视角，这样才能走出自己设定的死胡同中，看到问题之外更美的风景。

换个视角看人生，就不会为战场失败、商场失手、情场失意而颓废，也不会为名利加身、赞誉四起而得意忘形；换个视角看人生，当痛苦来袭的时候，就不会悲观气馁，而会从容坦然地面对，主动寻找痛苦的原因、教训及战胜痛苦的方法，勇敢地面对多舛的人生；换个视角看人生，是一种突破、一种解脱、一种超越、一种高层次的淡泊宁静，从而获得自由自在的乐趣。

面对复杂多变的人生，需要一种生活的睿智。即便没有足够的

睿智，至少也可以乐观、豁达。两个被关在同一间牢房里的人，透过铁栏看外面的世界，一个看到的是美丽神秘的星空，一个看到的是地上的垃圾和烂泥。二者之间区别，其实仅在于看待世界的角度而已。因此，选择看什么样的人生风景，由你自己决定。

不要让欲望毁掉你的幸福生活

“终日奔波只为饥，方才一饱又思衣。衣食两般皆俱足，又想娇容美貌妻。娶得美妻生下子，恨无田地少根基。买到田园多广阔，出入无船少马骑。槽头扣了骡和马，叹无官职被人欺。当了县令嫌官小，又要朝中挂紫衣。若要世人心满足，除是南柯一梦西。”一首名为《解人颐》的诗歌中，对人的贪得无厌做了入木三分的描述。

普希金的童话诗《渔夫和金鱼的故事》中，老头儿打鱼时网到了一条会说话的金鱼，金鱼哀求老头儿放了它，并许诺要用贵重的报酬酬谢老人。老太婆向金鱼提出要木盆、要木房子、要当贵妇人、要当女皇的要求，金鱼一一答应了她，当老太婆提出要当海上的霸王，金鱼收回了她的一切，一切回到了从前，老太婆依旧一无所有。

渔夫救了金鱼，这是义，但渔夫的老婆不能挟义索利。金鱼知恩图报也是义，但它不能无限地满足私欲的要求。在这个故事中，义最终变质，蜕变成纯粹的欲，让人鄙弃。而被私欲蒙蔽的老太婆也最终得到了惩罚。伊索说过，有些人因为贪婪，想得到更多的东西，却把现在所有的都失去了。

欲望与生俱来，贪婪是欲望无止境的一种表现，它让人永不知足。永不知足是一种病态，其病因多是对权力、地位、金钱之类的贪婪而引发的。这种病态如果继续发展下去，就是贪得无厌，其结局是自我爆炸，自我毁灭。著名作家柏杨先生曾说过：“一个人强烈而急躁的私欲，会造成盲点，看不到应该看到的东西，即令一根针扎到眼睛里，也毫无感觉。他只看到他想看到的和立刻可以满足他私欲的东西。于是盲点不断扩大，转化为意识形态，提供为盲点辩护的理论基础。而这正是周围清醒人无力感的主要原因。”

可见人心不足蛇吞象，不是一句空言。做人如果不能控制自己的欲望，就会成为欲望的奴隶，最终丧失自我，被欲望所役。

刚从学校毕业的时候，李媛进入了一家传播公司。有着满腔激情的她，为自己的人生设定了许多远大的理想与目标。为了实现自己的目标，李媛什么都追求最好的，拼了命地想要抓住每一个机会。有一段时间，她手上同时拥有十三个广播节目，每天忙得昏天暗地，甚至连睡觉的时间都没有了，她“简直累得跟狗一样”来形容那时的自己。

在如此辛苦的付出与坚持下，李媛的事业愈做愈大。但事情都是一体两面的，所谓有一利必有一弊，李媛的压力也变得愈来愈大了。后来，李媛发觉拥有更多、更大对她而言，并不是乐趣，反而是沉重的负担，她的内心开始被一种强烈的不安全感笼罩着。

2001年，突如其来的“灾难”降临了：李媛独资经营的传播公司被恶性倒账四五千万美元，交往了七年的男友也和她分手了……一连串的打击扑面而来。在极度沮丧的时候，李媛向一位朋友求助：“如果把公司关掉，我不知道自己还能做什么？”朋友沉吟片刻后回答：“你什么都能做，别忘了，当初我们都是从‘零’开始的！”

朋友的话让李媛恍然大悟，也让一度产生过轻生念头的她鼓起了再生的勇气。“是啊！我从大学毕业的时候，也是一无所有，既然如此，又有什么好怕的呢？”就这样念头一转，李媛咬了咬牙，熬过了那段最痛苦的时光。没有想到在接下来的短短半个月之内，李媛连续接到两笔很大的业务，濒临倒闭的公司起死回生，又重新动了起来。

历经这些挫折后，李媛深刻领悟到人生“无常”的一面。很多东西，自己就算费尽了力气去争取、去追求，即使勉强得到了，最后也留不住，反而如果将一切放空了，随之而来的可能是更大的能量。

自此之后，李媛为了简化生活，谢绝应酬。她搬离了一百五十平方大的房子，索性以公司为家，挤在一个十平米不到的空间里；还淘汰了不必要的家当，只留下一张床、一张小茶几和两只与自己做伴的小狗。

在这种简单的状态下，生活过一段时间后，李媛赫然发现，原来一个人需要的其实那么有限，许多附加的东西只是徒增无谓的负

担而已。

确实，即使拥有整个世界，我们一天也只能吃三餐。托尔斯泰说："欲望越小，人生就越幸福。"晋代陆机《猛虎行》有云："渴不饮盗泉水，热不息恶木荫则。"在物欲横流、灯红酒绿的今天，我们需要有一种放弃欲望的清醒。

"身外物，不奢恋"，是人生思悟后的一种清醒，它不但是超越世俗的大智大勇，也是放眼未来的豁达襟怀。谁真正懂得它的含义，谁就能活得轻松；谁能做到这一点，谁就会遇事想得开，放得下，过得自在，白天知足常乐，夜里睡得安宁，走路感觉踏实，才能最终得到幸福。

放下过去，才能重新开始

让心留给幸福呼吸的空间

世界上最宽广的是胸怀，可以无所不容；在世界上最狭隘的也是胸怀，可以瑕疵必报。胸怀宽广的人，乐观、向上，视野广、理解人；心胸狭窄的人，悲观、偏激、自负、自私、鼠目寸光、猜疑心重。胸怀的决定因素是一个人的抱负、知识和修养。以天下为己任的人，绝不会为了区区小事斤斤计较；知识渊博的人，绝不会因为一时的困难和挫折而一蹶不振；有良好修养的人，绝不会稍不如意就怒发冲冠。有幸和胸怀宽广的人在一起生活或共事，是一生的快乐；不幸与心胸狭窄的人在一起生活或共事，是不尽的烦恼。

"文革"期间，当代作家戴厚英和她的老师钱谷融教授同在复旦大学任教。那时，钱谷融教授因为信奉人道主义而被打成反动学术权威。造反派从各校抽人组成大批判组，对他们这些反动学术权威进行批判。复旦大学抽的就是当时有"小钢炮"之称的戴厚英。那时头脑简单的她出于对革命的热情，对老师进行了猛烈的轰炸。

多年后，戴厚英评副教授时，所有硬件都齐了，就是批不下来。根据程序，需要有人给写个评价材料。但找来找去，就是找不到人写。据说原因是，戴厚英性格外向，说话有锋芒，得罪过一些人，包括一些领导。由于怕得罪她的对立面，所以没有人敢站出来为她做主。这时，钱谷融教授挺身而出，不仅给她写了所需材料，而且给了她很高的评价。

戴厚英非常感动，不仅是老师为她做了一件重要的事情，更在于她为其老师的胸怀所折服。

法国作家雨果有这样一句名言：“世界上最广阔的是海洋，比海洋更广阔的是天空，比天空更广阔的是人的胸怀。”要想让自己的胸怀变得宽广，首先要做的，便是要将那些鸡毛蒜皮的琐事清除，给值得珍藏的东西，如幸福，腾出足够的空间。

孔子带着学生到鲁桓公的祠庙里参观的时候，看到了一个可用来装水的器皿，倾斜地放在祠庙里，那时候这种倾斜的器皿叫欹器。

孔子便向守庙的人问道：“请告诉我，这是什么器皿呢？”守庙的人告诉他：“这是欹器，放在座位右边，用来警戒自己，如‘座右铭’，就是一种用来伴坐的器皿。”孔子说：“我听说这种用来装水伴坐的器皿，在没有装水或装水少时就会歪倒；水装得适中、不多不少的时候是端正的；水装得过多或装满了，它会翻倒。”孔子回过头来对他的学生们说：“你们往里面倒水试试看吧！”学生们听后，舀来了水，一个个慢慢地向这个可用来装水的器皿里灌水。果然，当水装得适中的时候，这个器皿就端端正正地立在那里。不一会儿，水灌满了，它就翻倒了，里面的水流了出来。再过了一会儿，器皿里的水流尽了，又像原来一样歪斜在那里。

这时候，孔子长长地叹了一口气说道：“唉！世上哪里会有太满而不倾覆翻倒的事物啊？”

要想得到幸福，首先得准备好胸怀的箱子来装它，就像学习知识的过程一样。

南隐是日本明治时代著名的禅师。有一天，一位学者特地来向南隐问禅，南隐以茶水招待，他将茶水注入这个访客的杯中，杯满之后他还继续注入，这位学者眼睁睁地看着茶水不停地溢出杯外，直到再也不能沉默下去了，终于说道：“已经溢出来了，不要倒了。”“你的心就像这只杯子一样，里面装满了你自己的看法和主张，你不先把你自己的杯子倒空，叫我如何对你说禅？”南隐意味

深长地说。

南隐禅师教导的“把自己的杯子倒空”，不仅是佛学的禅义，更是人生的至理名言。在生活中，每天都有琐碎的事情发生。如果对待每一件事情，我们都那么在意，那么很可能我们的生活就被这些小事情给拖垮了。适当地放开胸怀，给自己一片天空，不要以为整个大地都是你的，而你的目光也只看着那一块属于自己的土地。把目光放远，也或者学会释怀，学会淡化，这样你就会少了很多压力。

人生旅行，就是汲取各种养分、滋养生命的过程。如果我们带太多的东西上路，就像那个装满水的杯子，再也容不得半点水进入，这将是人生最大的悲哀。在人生的旅途中，每一个追求幸福的人，都一定要牢记：不论什么时候，都要给自己留一些空间，好让幸福在里面自由地呼吸、发芽、成长。

幸福之舟需要轻载

人生是一场旅行，当行囊过于沉重时，就应该拿掉一些累赘的东西，只有适当地放弃才能让你轻松自在地面对生活。庄子说：“道与之貌，天与之形，无以好恶内伤其身。”意思是生命活着要顺其自然，要不增不减，抛却心中的妄情、妄念、妄想，保持一片清明境界，才是上天给我们的道。

这个道就是本性，人活得很自然，一天到晚头脑清清楚楚，不要加上后天的人情世故。如果加上后天的意识上的人情世故，就会有喜怒哀乐，使得身体内部受伤害，就会有病不得长寿。

所以，精明者敢于放弃，聪明者乐于放弃，高明者善于放弃。人，其实天生就懂得放弃，但放弃非盲目的，而是选择放弃，重在选择，次在放弃，不轻言放弃。而是放弃失落带来的痛楚，放弃屈辱留下的仇恨，放弃心中所有难言的负荷，放弃耗费精力的争吵，放弃没完没了的解释，放弃对权力的角逐，放弃对金钱的贪欲，放弃对虚名的争夺——放弃的是烦恼，摆脱的是纠缠，收获的就是快乐，拥有的就是幸福。

一个背着大包裹的忧愁者，千里迢迢跑来拜访一位德高望重的哲人，他向哲人诉苦说：“先生，我是那样的孤独、痛苦和寂寞，长期的跋涉使我疲倦到了极点，我的鞋子破了，荆棘割破了双脚，手也受伤了，流血不止；嗓子因为长久的呼喊而喑哑……为什么我还不能找到心中的阳光？”

哲人问：“你的大包裹里装的是什么？”

忧愁者说：“它对我可重要了。里面是我每一次跌倒时的痛苦，每一次受伤后的哭泣，每一次孤寂时的烦恼……靠了它，我才能走到您这儿来。”

于是，哲人带忧愁者来到河边，他们坐船过了河。上岸后，哲人说：“你扛了船赶路吧！”“什么，扛了船赶路？”

忧愁者很惊讶：“它那么沉，我扛得动吗？”

“是的，孩子，你扛不动它。”哲人微微一笑，说，“过河时，船是有用的。但过了河，我们就要放下船继续赶路。否则，它会变成我们的包袱。痛苦、孤独、寂寞、灾难、眼泪，这些对人生都是有用的，它能使生命得到升华，但须臾不忘，就成了人生的包袱。放下它吧！孩子，生命不能太负重。”

忧愁者放下包袱，继续赶路，他发觉自己的步子轻松而愉悦，比以前快得多。原来，生命是可以不必如此沉重的。

著名的心理大师荣格曾说：“一个人步入中年，就等于是走到‘人生的下午’，这时既可以回顾过去，又可以展望未来。在下午的时候，就应该回头检查早上出发时所带的东西究竟还合不合用，有些东西是不是该丢弃了。理由很简单，因为我们不能照着上午的计划来过下午的人生。早晨美好的事物，到了傍晚可能显得微不足道；早晨的真理，到了傍晚可能已经变成谎言。”一个带着过多包袱上路的人注定不会走得快，我们总是让生命承载太多的负荷，这个舍不得丢掉，那个舍不得丢掉，最终被压弯腰的是我们自己。放弃是为了更好地拥有。放弃是一种超脱、一种气度，更是一种升华、一种境界。

1976年，英国探险队员劳尔随英国探险队成功登上珠穆朗玛峰，完成了对世界最高峰和对自我的挑战。但在下山的路上，探险队遇上了大风雪，每行一步都极其艰难。最让他们担忧的是，风雪根本就没有停的迹象。

他们的食品已经不多，如果停下来扎营休息，很可能还没下山就会被饿死；如果继续前行，大部分路标早已被大雪覆盖，不仅要走许多弯路，每个队员身上所带的增氧设备及行李等物，也会压得他们喘不过气来，即使不饿死，也会因过度疲劳而倒下。

在整个探险队陷入迷茫的时候，劳尔率先丢弃了所有的随身装备，只留下不多的食品，轻装前行。他的这一举动几乎遭到了所有队员的反对，依据他们的专业判断，劳尔的这一举动，意味着离下山最快的十天里不仅不能扎营休息，还可能因缺氧而使体温下降，导致冻伤，生命将受到威胁。面对对队友的顾忌，劳尔坚定地说："我们必须而且只能这样做，在这样的环境中，丢掉重物，就不允许我们再有任何幻想和杂念，只要坚定信心，就可以提高行走速度，也许还有生的希望！"最终队员们采纳了劳尔的意见，一路上恶劣的天气从未好转。他们忍受疲劳和寒冷，不分昼夜前行，只用了8天时间，就到达了安全地带。

当年的一次正确的放弃，挽救了所有队员的生命；他们的登山装备无一保存下来，而冻坏的指尖和脚趾，却在医院截掉后，留在了身边。后来，英国国家军事博物馆的工作人员找到劳尔，请求他赠送一件与英国探险队当年登上珠穆朗玛峰有关的物品。出乎意料的是，工作人员收到的是劳尔因冻坏而被截下的10个脚趾和5个右手指尖。这是博物馆收到的最奇特而又最珍贵的赠品。

人生在世，放弃的确是一件痛苦的事情，舍掉那些对自己意义重大的东西更是让人犹疑不决。但是当鱼和熊掌不能兼得的时候，为了更重要的东西，我们必须做出适当的放弃，让生命之舟轻扬，人生才更容易达到幸福的彼岸。

不看他人，安心做最好的自己

放弃模仿，还以自我本色

想超越就先学会模仿，以精明、能干著称的温州人很懂得模仿的必要。

20世纪90年代，温州眼镜企业发展到一百多家，并以式样新颖、质优价廉吸引了众多外商。有数据显示：1997年温州眼镜业产值突破10亿元，1999年上升为15亿元，占全球销量的1／3，畅销20多个国家和地区。而远洋眼镜公司老板叶子健就是通过仿造而成为“眼镜大王”的。1982年，叶子健高中毕业后，在温州蜜饯厂金工车间当一名普通工人，当时有许多走私的“金丝”眼镜流入温州市场。叶子健觉得这种眼镜受人欢迎，样式新颖，一定有市场，于是花了一个月的工资，买了一副金丝眼镜，然后将镜架拆卸，凭着自己对金工的了解，分头到其他配件厂加工，再自己装配，终于生产出第一批“金丝”镜架。叶子健从此走上了“眼镜大王”的人生之路。

不可否认，以模仿为“核心技术”的“拿来主义”轻捷低廉，比较容易快速取得成功，但是，生活之中那些形形色色的追随者和模仿者，总是喜欢依照他人的足迹行走，沿着他人的思路思考。他们认为，走别人走过的路可使自己省心省力，是走向成功，创造卓越人生的一条捷径。专事效仿他人的人，不论他所模仿的人多么伟大，也绝不会成功。没有一个人，能依靠模仿他人，去成就伟大的事业。

对任何人来说，模仿都是极愚拙的事。它会使你的心灵枯竭，没有动力；它会阻碍你取得成功，干扰你进一步的发展，拉长你与成功的距离；它会令你失去属于自己的特性，沦为他人的影子。

每一个人都应庆幸自己是世上独一无二的，应该将自己的禀赋发挥出来，而不是亦步亦趋地跟在别人身后，和别人跳进同一个圈子里，跳一样的舞蹈。在所有缺点中，最无可救药的就是失去自我，成为别人的复制品。

冯友兰先生曾说过：“各人有各人的人生……各人的人生，是各人自己创造的。各人的历史，是各人自己写的。各人向各人自己负责。”每个人都是自己人生的主宰者，想要成为什么样的人，是每个人自己的选择，能否成为期望中的人看自己的努力。

美国著名运动员亨利在高三毕业时，获得了亚利桑那大学的橄榄球奖学金，使他有机会获得大学教育。并且，他在两次民众票选中当选为“全美橄榄球后卫”，还有在美国国家橄榄球联盟队员第

一轮选拔中，亨利的总分名列第七。丹佛的野马队还在1984年与亨利签下170万美元的合同，使他迅速跻身富人阶层。

亨利之所以能成为如此成功的人，除了他一直有一个伟大的目标——成为一名优秀的运动员——之外，期间也经历了不少的曲折与选择。高中三年级那个夏天的那份零工便是对他的一个考验。

那年夏天，一个好友推荐他去打一份零工。这对亨利来说，是一个难得的赚钱机会，这意味着他将有钱去买一辆新自行车，并添置一些自己喜欢的衣服。并且，他还可以开始攒些钱，以便将来能为妈妈买一所房子。想象着那份零工的诱人前景，亨利恨不得立即就接受这个难得的机会。

但是，亨利也知道，为了保证打零工的时间，他就不得不放弃自己的棒球训练，那就意味着他将不能够参加棒球比赛了。于是，他鼓足勇气，去找贾维斯教练，并告诉他自己的打算。教练果然生气了，“今后，你将有一生的时间来工作，”他注视着亨利，厉声说，“但是，你能够参加比赛的日子有几天呢？那是非常有限的。你浪费不起呀！”亨利低着头站在教练面前，思考着如何才能向他解释清楚自己要给妈妈买一所房子的愿望，以及自己是多么希望有钱的梦想，他真的不知道该如何面对教练那已经对自己失望的眼神。

教练问亨利，做这份零工的报酬是多少。他怯怯地回答：四美元。教练愤怒了，大声地问亨利：“难道你的梦想就只值四美元吗？”答案是显而易见的，教练的一句提醒了亨利眼前利益与长远目标之间的区别。亨利毅然放弃了原来的打算，全身心地投入到训练中，并且取得了不错的成绩。

如果当初亨利像许多渴望赚钱的一样选择打零工，就不会成为以后耀眼的橄榄球明星，也不能在很短的时间内实现为妈妈买一所房子的梦想了。很显然，这取决于亨利自己的决定，这也才是属于亨利的人生。

在生活中，很多人把“别人都这样”奉为行为准则，他们相信“法不责众”，跟着大家走，肯定没有错。走对了，自己肯定也能分一杯羹；若不好，又无须自己一个人去承担责任。这种想法看似挺有道理的，但结果会怎样呢？人云亦云的生活，肯定会令人们丧失个性，失去真正的自我，成为完全不知变通的提线木偶。

或许，跟在某位名人的后面，模仿他的一言一行可以令自己快速走上一条看似成功的路，但在这种情况下，一个人无论多成功，都只是“某某第二”“某某第三”而已，永远不可能成为“某某第一”。

人可以平凡，但不能平庸。在做出每个选择与决定之前，仔细地审视一下，自己是在模仿他人，还是在导演独属于自我的精彩人生。

选择最适合自己的生活方式

王维的《辛夷坞》中说：“木末芙蓉花，山中发红萼，涧户寂无人，纷纷开自落。”山中的芙蓉花并不因生在深山而黯然失色，春来秋去，它依然绽放自己生命的美丽，灿烂地活在世上。

植物尚且如此，何况是人。就像“世界上没有两片完全相同的树叶”一样，著名哲学家冯友兰先生曾说：“严格地说，没有两个人的境界，是完全相同的。每个人都是一个个体，每个人的境界，都是一个个体的境界。没有两个个体，是完全相同的，所以亦没有两个人的境界，是完全相同的。”既然，生命的差异是必然的，我们唯一能做的，就是寻找到最适合自己的世界，并在那片天地间活出自己独特的人生。

一只城里的老鼠和一只乡下的老鼠是好朋友。有一天，乡下老鼠请城里老鼠来家里吃东西。城里老鼠虽然心里嘀咕着也不知道乡下长得什么样子，东西好不好吃，是不是跟城里的东西一个味，说不定要比城里的东西新鲜美味得多呢，于是应乡下老鼠之邀立刻动身去乡下了。乡下老鼠看到城里老鼠真的来了，特别高兴，他把城里老鼠引到谷仓去，对城里老鼠说：“城里朋友，不要客气，尽情地吃，东西多着呢！”

谷仓里堆满稻谷、地瓜，还有花生，可是城里老鼠却一点胃口都没有。乡下老鼠还以为城里老鼠客气，于是抓了一把花生递给城里老鼠，说：“朋友，这些花生味道特别好，你不要这样客气嘛！尽管敞开肚子吃好了。”城里老鼠看了看这些东西，觉得一点都不好吃，勉强吃了一些后，只好对乡下老鼠说：“我实在吃不下去，你们这里的东西太粗糙了。这样吧，改天你到城里去，我让你尝尝

真正美味可口的食物。”

乡下老鼠听了城里老鼠的话，也想开开眼界，憧憬着自己品尝城里食物的那一天的到来。急性子的乡下老鼠没过几天就来到城里老鼠的住处。城里老鼠见到乡下朋友来了，可高兴了，把乡下老鼠引到厨房去，想要带它美餐一顿。乡下老鼠一看，哇，真是了不得啊！这里东西可丰富了，有蛋糕、汽水、苹果、香肠、蜂蜜，还有鸡、鸭、鱼、肉等等，看得它口水直流。正当它们要开始大吃特吃时，一个人走进了厨房，它们吓得连忙躲进洞里。不一会儿那个人走出厨房，它们刚刚探头探脑地钻出来，“喵——喵——”一只猫突然出现了，吓得他们再度躲起来。

乡下老鼠胆战心惊，既怕又饿，最后，长叹一声：“哎！朋友，吃东西这样担惊受怕，实在划不来。我们乡下东西虽然粗糙点，倒是悠闲自在，我现在就回去了。朋友，若不嫌弃，欢迎还到乡下玩！”

和这两只老鼠一样，人们在生活中，面对各种各样的选择时，都希望找到好一点更好一点的，总觉得别人拥有的比自己的好，于是羡慕、嫉妒、抱怨……各种各样的情绪都产生了。终有一天，当你有机会感受一直让自己魂牵梦萦的“美好”时，才发现别人的鞋穿在自己脚上，原来并不合适。

这个世界上，有时候关于好的选择与坏的选择，其实根本就没有一个固定的标准，只要合适，就是最好的。找到适合自己的平台，就更容易取得大的成就。

一个女孩因为医疗事故导致胸部以下失去知觉，瘫痪了。在一般人来看，她这样的年纪就遭遇了如此的不幸，以后只能整天躺在床上，这一生算是完了。小女孩自己也是这么想，于是在接受了这个事实之后，她就整天看些“闲书”来打发时光。

一天，来为她做针灸的大夫在离开时对她说：“你既然能看这些闲书，干吗不去自学落下的功课呢？难道你就这样认命了吗？这个世界没有无用的人，只有不努力的人。”听了大夫的话，小女孩猛然警醒过来，从这时起，“做个有用的人”成了她心灵的最强音。小女孩开始了她病床上的求学之路。每门课程结束，她都会让爸爸给自己考试，成绩合格后她才觉得松了口气，感到自己并没有离开校园。

她用5年的时间完成了初中、高中的全部课程，当她准备参加高考时，却发现自己的身体状况根本不能完成这么长时间的考试。她没有放弃，又参加了英语自考辅导班。用了4年时间，她在没有初中和高中毕业证的情况下，获得了一个全国的英语专科自考毕业证。

再后来，她又先后获得了自考的本科学历证和在职硕士进修班的毕业证。令所有人都非常惊讶的是，她竟然还拿到了第四个学位证——博士证。现在，她凭借自己丰富的专业知识和惊人的毅力，已经在工作岗位上取得了非凡的成绩。当初的小女孩终于实现了自己的梦想，成了一个有用的人，一个成功的人。

小女孩不是一个弱者，所以那种只会躺在床上、等着别人照顾的生活，不适合她。于是，在别人质疑的眼光中，她选择了最适合自己的强者之路，她用坚强、勇敢和不屈不挠改变了自己的一生。无疑，这对她而言，是最好的。

从现在起，别再老是盯着别人脚上的“玻璃鞋”羡慕不已，低下头来，想想看最适合息的鞋子是什么的，努力地去找到它，并将它擦得油光锃亮，一样可以成为令其他人艳羡不已的“水晶鞋”。

记住，明天又是新的一天

吹小调、哼小曲也是一种境界

托尔斯泰笔下的安娜·卡列尼娜以一袭简洁的黑长裙在华贵的晚宴上亮相，惊艳无比，令周遭的妖娆“粉黛”颜色尽失。这是简单之美。

当代作家刘心武曾说：“在五光十色的现代世界中，应该记住这样古老的真理：活得简单才能活得自由。”但对于已经习惯了每天时刻不停地穿梭于各种纷繁世事的现在人而言，简单已经变得像细水长流的爱情一般稀缺了。人们就像是身处于流水线上，仿佛必须保持足够的快速，才能跟得上世人的脚步，如此一来，简单便愈行愈远了。

其实，简单并没有想象中的那般难以做到。

有一支淘金队伍在沙漠中行走，个个都步伐沉重，痛苦不堪；只有一人步履轻快，别人问："你为何如此惬意？"他笑着说："因为我带的东西最少。"原来快乐很简单，只要放弃多余的包袱就可以了。

一只小鸡破壳而出的时候，刚好有只乌龟经过。小鸡看到乌龟背上的壳，以为大家皆是如此。从此以后，就一直背着蛋壳过生活。直到有一天，他遇到了一只大公鸡，才发现原来蛋壳早该被舍弃了。原来摆脱沉重的负荷很简单，寻求名师指点就可以了。

一个孩子对母亲说："妈妈你今天好漂亮。"母亲问："为什么？"孩子说："因为妈妈今天一天都没有生气。"原来想要漂亮很简单，只要不生气就可以了。

有一家商店经常灯火通明，有人问："你们店里到底是用什么牌子的灯管？那么耐用。"店家回答说："我们的灯管也常常坏，只是我们坏了就换而已。"原来保持明亮的方法很简单，只要常常换掉坏的灯管就可以了。

住在田边的蚂蚱对住在路边的蚂蚱说："你这里太危险，搬来跟我住吧！"路边的蚂蚱说："我已经习惯了，懒得搬了。"几天后，田边的蚂蚱去探望路边的蚂蚱，却发现它已被车子压死了。原来掌握命运的方法很简单，远离懒惰就可以了。

……

去除烦躁与复杂，恢复对生活的本真，便能让一切重新恢复简单。即便是面对坎坷，简单，同样可以帮助你跨过去。

德克因为一次意外事故右眼被击伤，抢救后医生摘除了他的右眼球。自此之后，原本十分乐观的德克，变得沉默寡言了。他害怕上街，因为总是有那么多人看他的眼睛。于是，他的休假一次次被延长，妻子杰西卡很在乎这个家，很爱自己的丈夫，主动负担起了家庭的所有开支，为此她在晚上还兼了一个职。杰西卡想让全家过得和以前一样，她认为丈夫心中的阴影总会消除的，只是时间问题。

糟糕的是，德克左眼的视力也受到了影响。在一个阳光灿烂的早晨，德克问妻子谁在院子里踢球时，杰西卡惊讶地看了看丈夫，又看了看正在踢球的儿子，什么也没有说，只是走近丈夫，轻轻地抱住他的头。

德克说："亲爱的，我知道以后会发生什么，我已经意识到了。"杰西卡的泪就流下来了。其实，杰西卡早就知道这种后果，只是她怕丈夫受不了打击而请求医生瞒着他。德克知道自己要失明后，反而镇静多了。

杰西卡知道德克能见到光明的日子已经不多了，她想为丈夫留下点美好的记忆，每天把自己和儿子打扮得漂漂亮亮的。在德克面前，不论她心里多么悲伤，总是努力微笑，不让他为自己担心。

几个月后，德克说："杰西卡，原来你新买的套裙已经那么旧了！"杰西卡说："是吗？"说完奔到一个丈夫看不到的角落，低声哭了。因为她那件套裙的颜色，在太阳底下是那么的绚丽夺目。

第二天，杰西卡请来了一个油漆匠，想把家具和墙壁粉刷一遍，让德克的心中永远有一个新家。油漆匠一边干活一边吹着口哨，一个星期后，终于把所有的家具和墙壁刷好了，他也知道了德克的情况。油漆匠对德克说："对不起，我干得很慢。"德克说："你天天那么开心，我也为此感到高兴。"算工钱的时候，油漆匠少算了100元。杰西卡和德克说："你少算了工钱。"油漆匠说："我已经多拿了，一个等待失明的人还那么平静，你告诉了我什么叫勇气。"但德克却坚持要多给油漆匠100元，德克说："我也知道了残疾人也可以自食其力生活得很快乐。"原来油漆匠只有一只手。

坎坷与挫折，在我们的生活中如影随形，如果一旦遇到便觉得自己的人生自此再也无望了，那么人生注定会被困在不幸的牢笼中，永远无法挣脱。人生根本没有什么过不去的坎，真正过不去的是你自己的心。如果不将其想得那么复杂，只是将其视为生命中的一个小插曲的话，自然就有勇气面对，像那个油漆工一样，即使只有一只手，也可以吹着小调、哼着小曲，过着坦然快活的人生，这也是一种境界。

抛开一切，让自己闲一段

人生就像登山，不是为了登山而登山，而应着重于攀登中的观赏、感受与互动，如果忽略了沿途风光，也就体会不到其中的乐趣。人们最美的理想、最大的希望便是过上幸福生活，而幸福生活是一个过程，不是忙碌一生后才能到达的一个顶点。

泰戈尔在《飞鸟集》中写道：“休息之隶属于工作，正如眼睑之隶属于眼睛。”如果一味地、盲目地去忙，连革命的本钱都搞垮了，那人生也就没有忙的意义了。人生就像条弦，太松了，弹不出优美的乐曲，太紧了，容易断，只有松紧合适，才能奏出舒缓优雅的乐章。所以，人生也应该有张有弛，也应该忙中有闲。否则，一味的忙碌极有可能会令你失去生命中最重要的东西。

有一个丈夫，他的脑中似乎只有一种想法，而且这个想法占据了他整个的生活，那就是赚钱。他对于生活本身的舒适程度丝毫不感兴趣，但生活本身绝对不能干扰他为赚更多钱而制定的工作计划。为了实现他的这一目标，逐渐的他的家完全不是一个家了，而且从来都不是。一旦回到家里，他就在为了更多的生意进行思考和安排计划，为了赚更多钱制订更多的方案。赚钱已经成为了他唯一的癖好。

长此以往，他总是显得那么疲惫不堪，当晚上回到家时，他甚至累得抬不起头来。但即使这样，他仍然不肯休息，而是思考并计划着更多的生意。于是，他总是使自己处在一种连续疲劳的状态之中。

应该在办公时间处理的生意和业务，时时刻刻伴随着他。“一夜又一夜，”他的妻子后来说，“我记得他在午夜以后还坐在那里，凝视着他的本子并且仍然在思考、在作计划。我听见了他那痛苦的咳嗽声，于是走下楼去恳求他为了健康，该上床睡觉了。但是，他从来都是很固执的。他坦率地对我说过许多次，我的乞求毫无用处，如果在他的计算过程中少了一分钱，他也不会放弃，直到查出那分钱为止。有几次，我在地板上丢下了一便士，并且把它捡起来交给他说：‘这就是差额。我刚把它从地板上捡起来，也许是你丢的。’但是，他很敏锐地看穿了我的诡计。他无法停下来，直

到在自己的书中发现了那一便士，哪怕为此干上一个通宵！”

尽管他有上百万的财产，但是却没有家庭生活，也享受不到家庭的欢乐。因为他从来没有像别人那样拥有空余时间去享受快乐。后来，他的妻子和孩子们完全疏远了他，但他仍然处于不停地思考、计划和努力工作之中，直到死亡把他带走。

对于社会来说，“工作狂”不见得是什么坏事，但对于家庭来说，“工作狂”是极其危险的。为了所谓的“成功”，他不仅牺牲了自己的家庭与生活，甚至送掉了自己的性命，真是得不偿失。

哲学家马卡斯·奥里欧斯说：“人们为自己寻找退避之所：乡间、海边、山上的房子，你们也一定非常希望得到这些房子。殊不知这是一种平凡人的做法，因为无论何时你想退避独处时，其力量是在你自己手里。一个人想退到更安静、更能免于困扰的地方，莫过于退入自己的灵魂里面，特别是沉潜在平静无比的思绪里。我敢肯定地说，除了宁静是心里的最好状态外，别无他物。那么，马上退避，重整你自己吧！”

当工作的重担压得你喘不过气来时，当日常的琐事弄得你不胜其烦，当复杂的人际关系搞得你筋疲力尽时，不妨抛开一切，给自己放个假，偷得浮生半日闲，重整一下自己，以便有更大的精力投入到纷杂的俗世当中。

许多真正成功的人士，往往都深谙此理。

周恩来很会忙里偷闲，在乘车时、接见外宾前或会议中间，经常会打一个盹儿，养一下神，然后马上又投入工作。“二战”时，已近70岁高龄的英国首相丘吉尔，每天都坚持工作16小时以上，始终保持着旺盛的精力，原因之一就是他善于忙里偷闲，他坐上汽车就能休息，每天都坚持午睡1小时。晚饭后他便在办公室内的床上睡上两小时，醒后立即精神饱满地投入工作，直至次日凌晨。“二战”结束的前几天，有人说杜鲁门总统比以前任何一位总统更能负荷总统职务的压力与紧张，认为职务并没有使他“衰老”或吞蚀他的活力，认为这是很不简单的事，特别是身为一位战时总统必须遭遇的许多难题。杜鲁门的回答是：“我的心里有个掩蔽的散兵坑。”他又说，像一位战士退进散兵坑以求掩蔽、休息、静养一样，他也定时地退入自己的心理散兵坑，不让任何事情打扰他。

有时候我们就会因为太紧张而对生活进行一些错误的判断，所以我们需要适当的让自己放松和休息。让自己闲下来，消除心中的张力、忧虑、压力、追力与拉力，使你清新焕发，并回到你平常日子的世界里，而能更充分地准备应付新的挑战。

休息，是为了走更远的路。

Part 2
放下心中的执著，持花而行

烦恼皆因“自我”而生

为别人着想，使自己受益

国外一位名叫布鲁斯·巴顿的作家曾写过这样一篇文章：

巴勒斯坦有两个海，一个是淡水，里面有鱼，名为伽里里海。从山脉流下来的约旦河带着飞溅的浪花，成就了这个海。它在阳光下歌唱，人们在周围盖房子，鸟类在茂密的枝叶间筑巢，每种生物都因它而幸福。

约旦河向南流入另一个海。这里没有鱼的欢跃，没有树叶，没有鸟类的歌唱，也没有儿童的欢笑。除非事情紧急，旅行者总是选择别的路径。这里水面空气凝重，没有哪种动物愿意在此饮水。

这两个海彼此相邻，何以又如此不同？不是因为约旦河，它将同样的淡水注入。不是因为土壤，也不是因为周边的国家。区别在于：伽里里海接受约旦河，但绝不把持不放，每流入一滴水，就有另一滴水流出，接受与给予同在。

另一个海则精明得厉害，它吝啬地收藏每一笔收入，绝不向慷慨的冲动让步，每一滴水它都只进不出。

伽里里海乐善好施，生气勃勃。另外那个则从不付出，它就是死海。

巴勒斯坦有两个海，世界上有两种人。你属于哪一种呢？

在这个世界上，个人的力量总是单薄的，一个人无力去解决生活中的所有问题，没有谁能够离开别人的帮助而孤立地活着。为人处世，不能仅从“一己”考虑，需要多为别人着想。永远不要吝惜对别人的帮助，在帮助别人的同时，你也正是在帮助你自己，你将从中不断收获幸福和快乐，甚至可能更多。

曾经有一个小男孩，由于家里很穷，他为了攒够学费去上学，便去挨家挨户地推销商品。劳累了一整天后，小男孩感到十分饥饿，但摸遍全身，只有一角钱，怎么办呢？一角钱显然不够解决吃饭问题，于是他决定向下一户人家讨口饭吃。

但当一位美丽的年轻女子打开房门的时候，小男孩有点不知所措了，他将讨口饭吃的话咽回了肚子里，只祈求年轻嫂子给他一口水喝。女子看到他很饿的样子，就拿了一大杯牛奶给他。男孩慢慢地喝完牛奶，问：“我应该为你付多少钱呢？”年轻女子说：“一分钱也不用付。妈妈跟我说，施以爱心，不图回报。”男孩说：“那么，就请接受我由衷的感谢吧！”说完男孩离开了。此时，他不仅感到浑身都是劲儿，还看到上帝正朝他点头微笑呢。

其实，男孩本来是打算要退学的，但经过了这次事件之后，他决定无论接下来的日子多么艰苦，他都一定要完成学业。

很多年后，当初的年轻女子得了一种十分罕见的病，当地的医生都束手无策。最后，她被转到一个大城市去医治，并由专家来会诊治疗。而大名鼎鼎的霍华德·凯利医生，也就是当年那个小男孩，也参与了医治方案的制定。当他看到病例上的病人资料时，一个奇怪的念头霎时间闪过脑海，他马上起身直奔病房。

来到病房，凯利医生一眼就认出了床上躺着的正是那位曾帮助过他的恩人。从那天开始，他就特别地关照这位病人，并竭尽所能来帮助她把病治好。经过艰辛的努力，手术成功了，凯利医生要求把医药费通知单送到他那里，在通知单的旁边，他签了字。

当这张医药费通知单送到女子手上时，她甚至没有勇气打开来看，因为她知道，治疗费用不菲，极可能会花去她的全部家当。但最后，她鼓足勇气翻开医药费通知单时，旁边的那行小字引起了她的注意，上面写着：“医药费——一满杯牛奶。霍华德·凯利医生”

年轻女子在给当年那个男孩一杯牛奶时，不过是举手之劳，永远不会想到竟换来了曾经贫穷无助的凯利医生一生的感激，甚至是对自己生命的回报。我们平常所说的“好人有好报”便是这个道理。

有一位哲人这样说过，帮助自己的唯一方法，就是去帮助别人。确实，我们帮助别人，其实也是在帮助自己。在人落入危难和困窘之时，也正是人心灵最脆弱的时候，如果此时我们能急人所急，给人所需，或许我们给予的只是一点小小的帮助，但在他人眼里，却无异于天降甘露，甜美万分。他们一定会永远把这份恩情记在心里，将来有一天能报答你的时候，定会涌泉相报，就像凯利医

生一样。

此外，帮助别人还能给自己带来精神上的欢愉和满足。有位名人说：人活着应该让别人因为你活着而得到益处。学会给予和付出，会感受到舍己为人、不求任何回报的快乐和满足。学会付出是人类光辉灿烂人性的体现，同时也是一种处世智慧和快乐之道。

在帮助了他人之后，你就会发现，最快乐的是自己。你从中可以增强自己处理问题的能力；同时，能够有余力帮助他人从困境中解脱出来，这本身就是一件值得自豪的事，你会收获一种十分难得的强者的感觉，正是这种感觉激励着我们奋发图强、走向成功。因此，我们应该时时伸出热情之手，时时帮助和关怀别人，因为我们的帮助，不仅能助人一臂之力，而且能给对方、给自己带来力量和信心，有更大的勇气去战胜困难。

把自己的得意之事放在心里

你最近运气特别好，你常常会自鸣得意吗？如果是，那就要好好学一番涵养的功夫了：请压抑自己过度张扬的欲望，多一点谦虚，少一些自我炫耀。把过去的辉煌当做是一种人生经历，你不可能从那上面得到更多了，所以暂且放下它，去迎接你的下一次辉煌。

《红楼梦》中有一段元春死后托梦的诗句：“身后有余忘缩手，眼前无路想回头。”做人需记住花未全开、月未全圆才最好，一旦花怒放就要面临萎谢，所以得意之时切莫放纵自己。得意忘形是一种危险的人生态度。

春风得意的人的身边，总还有一些失意的人，你的张扬会引起他们的心态失衡，有时会激起他们做出一些超出自己能力控制范围的事情，以至于给你带来不必要的麻烦。所以得意时更要注意自己的言行了，只有在言辞上低调，才能更好地保护自己。否则，极有可能会引发不必要的麻烦，甚至落得个身败名裂的下场。

三国时期，蜀国的大将魏延也算是一员猛将，但在“五虎将”面前就是小巫见大巫了。在经过东征西伐之后，“五虎将”相继死去，魏延就成了无人能敌的战将，他也因此有了骄傲的资本。此间他不但被封为南郑侯，还被称为征西大将军。但魏延并不像诸葛亮那样为蜀国大业鞠躬尽瘁和竭尽忠诚，而是想自图霸业。此时的他仿佛觉得自己已经是天下第一高人，无人能与其匹敌了，于是便得意忘形起来。

《三国演义》中是这样写的：当姜维斥责他说："反贼魏延！丞相不曾亏你，今日如何背反？"魏延横刀勒马而言："伯约，不干你事。只教杨仪来！"杨仪在门旗影里，拆开锦囊视之，如此如此。杨仪大喜，轻骑而出，立马阵前，手指魏延而笑日："丞相在日，知汝久后必反，教我提备，今果应其言。汝敢在马上连叫三声'谁敢杀我'，便是真大丈夫，吾就献汉中城池与汝。"魏延大笑："杨仪匹夫听着！若孔明在日，吾尚惧他三分；他今已亡，天下谁敢敌我？休道连叫三声，便叫三万声，亦有何难！"遂提刀按辔，于马上大叫："谁敢杀我？"一声未毕，脑后一人厉声而应曰："吾敢杀汝！"手起刀落，斩魏延于马下。众皆骇然。斩魏延者，乃马岱也。原来孔明临终之时，授马岱以密计，只待魏延叫时，便出其不意斩之；当日，杨仪读罢锦囊计策，已知伏下马岱在魏延身边，故依计而行，果然杀了魏延。

波兰作家亨克利·显克微支说："最没有防备的是打胜仗的人。"踌躇满志、春风得意，是人人向往的人生境界。但是得意却不可忘形，一个人心里再怎么高兴，也必须加以掩饰。否则极有可能由于一时的得意而忘乎所以，甚至可以使自己如魏延一般陷入难以自拔的境地之中。因此，在得意之时，记得提醒自己保持头脑清醒。

唐朝名将郭子仪爵封汾阳王，王府建在首都长安的亲仁里。汾阳王府自落成后，郭子仪下令，每天都府门大开，任凭人们自由进出。有一天，郭子仪帐下的一名将官要调到外地任职，来王府辞行。他知道郭子仪府中百无禁忌，就一直走进了内宅。恰巧，看见郭子仪的夫人和他的爱女正在梳妆打扮，郭子仪正在一旁侍奉她们，她们一会儿要他递毛巾，一会儿要他端水，就好像使唤奴仆一样。这位将官回家后，忍不住将这件事讲给家人听，于是一传十，十传百，没几天，整个京城的人都把这件事当成笑话来谈论。

郭子仪听了无所谓，但他的几个儿子却觉得丢了面子，于是他们相约来找父亲，要他下令，像别的王府一样，关起大门，不让闲杂人等出入。郭子仪听了哈哈一笑，一个儿子说：“父王您功业显赫，普天下的人都尊敬您，可是您自己却不尊重自己，不管什么人，您都让他们随意进入内宅。孩儿们认为，即使商朝的贤相伊尹、汉朝的大将霍光也无法做到您这样。”

郭子仪听了这些话，收敛了笑容，对他的儿子们语重心长地说：“我敞开府门，任人进出，不是为了追求浮名虚誉，而是为了自保，为了保全我们全家人的性命。”儿子们感到十分惊讶，忙问其中的道理。

郭子仪叹了一口气，说道：“你们只看到郭家显赫的声势，而没有看到这声势背后的危险。月盈而蚀，盛极而衰，这是必然的道理。所以，人们常说要急流勇退。可是眼下朝廷尚要用我，怎肯让我归隐，再说，即使归隐，也找不到一块能够容纳我郭府一千余口人的隐居地呀。可以说，我现在是进不得也退不得。在这种情况下，如果我们紧闭大门，不与外面来往，只要有一个人与我郭家结下仇怨，诬陷我们对朝廷怀有二心，就必然会有专门落井下石、妨害贤能的小人从中添油加醋。那时，我们郭家的九族老小都要死无葬身之地了。”

郭子仪虽位极人臣，却时刻谨记得意不可忘形之理，在功勋卓著的时候，也时时做好了准备应付可能发生的危险。这才是真正的智者所为。

放自己自由，有自由才有迷人的风格

放下别人的看法，活出自己的自由

生活中，我们常常很在意自己在别人的眼里究竟是一个什么样的形象，因此，别人的话语往往能对我们的生活产生很大的影响，甚至能轻易地改变我们的人生道路。殊不知，“一千个人眼里有一千个哈姆雷特。”凡事绝难有统一定论，别人的“意见”可以适当的参考，但永不可代替自己的“主见”。自己的人生还是需要自己去把握，自己去做决定，不能被他人的论断而束缚了自己前进的步伐，影响了自己追随心中的热情、实现梦想的机会。

一名热爱文学的青年苦心撰写了一篇小说，请作家批评。因为作家正患眼疾，青年便将作品读给作家。读到最后一个字，青年停顿下来。作家问道："结束了吗？"听语气似乎意犹未尽，渴望下文。这一追问，煽起青年的激情，立刻灵感喷发，马上接续道："没有啊，下部分更精彩。"他以自己都难以置信的构思叙述下去。

到达一个段落，作家又似乎难以割舍地问："结束了吗？"

小说一定跌宕起伏、扣人心弦！青年更兴奋，更激昂，更富于创作激情。他不可遏止地一而再、再而三地接续、接续……最后，电话铃声骤然响起，打断了青年的思绪。

电话找作家，急事。作家匆匆准备出门。"那么，没读完的小说呢？""其实你的小说早该收笔，在我第一次询问你是否结束的时候，就应该结束。何必画蛇添足、狗尾续貂？该停则止，看来，你还没把握情节脉络，尤其是缺少决断。决断是当做家的根本，否则，绵延逶迤，拖泥带水，如何打动读者？"青年追悔莫及，自认性格过于受外界左右，作品难以把握，恐不是当做家的料，于是放弃了自己文学之路。

很久以后，这名青年遇到另一位作家，羞愧地谈及往事，谁知作家惊呼：你的反应如此迅捷、思维如此敏锐、编造故事的能力如此强盛，这些正是成为作家的天赋呀！假如正确运用，作品一定能脱颖而出。

至此，青年才意识到当初作家给他提出的宝贵意见，是为了促进自己文学创作的进一步提高。不料，自己竟就此放弃了，还浪费了过人的文学天赋。实在可惜！

仔细想想，几乎我们每一个人都难免会犯同样的错，只不过是在程度的严重与否上存在差异而已。无怪乎人们常说："自己才是自己最大的敌人"，因为我们总是不断地用别人的言语"迫害"自己，让自己不断地懦弱下去，却不敢反抗别人的话语，做自己的主人。

不愿意保持自我，是很多精神和心理问题的潜在原因。幼儿教育专家安吉罗·帕屈曾说："没有人比那些想做其他人，和除他自己以外其他东西的人，更痛苦的了。"我们唯有放下别人的看法，"走自己的

路"，才能拥有真正属于自己的人生。

有一位住在北卡罗来纳州艾尔山的伊笛丝·阿雷德太太，她从小就特别敏感而腼腆。她的身体一直太胖，一张圆脸使她看起来比实际上还胖得多。她有一个很古板的母亲，总是对她说："宽衣好穿，窄衣易破。"并且总是照这句话来帮她穿衣服。所以她从来不和其他的孩子一起做室外活动，甚至不上体育课。她非常害羞，觉得自己跟其他人都"不一样"，完全不讨人喜欢。

长大之后，她嫁给一个比她年长好几岁的男人，成为了阿雷德太太，但是一切仍然没有改变。阿雷德一家人都很好，也充满了自信。阿雷德太太尽最大的努力要像他们一样，可是办不到。他们为了使阿雷德太太开朗而做的每一件事情，都只是令她更退缩到自己的壳里去。她变得紧张不安，躲开了所有的朋友，后来甚至怕听到门铃响。阿雷德太太认为自己是一个失败者，又怕她的丈夫会发现这一点。所以每次当他们共同出现在公共场合的时候，她都假装很开心，结果常常做得太过分，事后她会为这个而难过好几天。最后，阿雷德太太甚至想到了自杀。

但是后来一句随口说出的话，改变了阿雷德太太的生活。

有一天，阿雷德太太的婆婆正在谈她怎么教育自己的几个孩子，她说，"不管事情怎么样，我总会要求他们保持本色。"在那一刹那之间，阿雷德太太才发现自己之所以那么苦恼，就是因为自己一直在试着让自己适合于一个并不适合我的模式。

一夜之间，阿雷德太太整个改变了。她开始保持本色，试着研究自己的个性，试着找出自己究竟是怎样的人。她研究自己的优点，尽全力去学色彩和服饰上的学问，尽量以能够适合自己的方式去穿衣服。她主动地去交朋友，还参加了一个社团组织——开始是一个很小的社团。可是她每一次发言，就增加了一点勇气。这事花了很长的一段时间，可是今天她所有的快乐，却是以前从来没有想到可能得到的。在教育自己的孩子时，阿雷德太太也总是把自己从痛苦的经验中所学到的结果教给他们："管事情怎么样，总是保持本色。"

在这个世界上，每一个人都是独一无二的。只有坚持自己的路，不被别人言语所左右的人，才能将自己的人生的演绎得绚丽多彩，跌宕多姿。

就像已故诗人道格拉斯·马罗区诗中所说的：

如果你不能成为山顶的一株松，
就做一丛小树生长在山谷中，
但须是溪边最好的一小丛。
如果你不能成为一棵大树，
就做灌木一丛。
如果你不能成为一丛灌木，就做一片绿草，
让公路上也有几分欢娱。
如果你不能成为一只麝香鹿，就做一条鲈鱼，
但须做湖里最好的一条鱼。
我们不能都做船长，我们得做海员。
世上的事情，多得做不完，
工作有大的，也有小的，
我们该做的工作，就在你的手边。
如果你不能做一条公路，就做一条小径。
如果你不能做太阳，就做一颗星星。
不能凭大小来断定你的输赢，
不论你做什么都要做最好的一名。

从没有一艘船可以永不调整航向

为什么很多河流是弯曲的？从地图上看，很多河流都是曲折地流向入海口。黄河像一个大大的“几”字形，长江就像“L”和“W”的连接体。在现实生活中，任何事物的发展都不是一条直线。每一天，我们都在盘旋着进步，在遇到阻碍的时候，需要不断调整自己的航向，使其始终朝着正确的方向前行。

这个不断调整航向的过程，是成长的必经阶段，即便是聪慧如“至圣”也不例外。孔子说：“吾十有五而志于学，三十而立，四十而不惑，五十而知天命，六十而耳顺，七十而从心所欲，不逾矩。”意思是：孔子十五岁的时候，立志作学问，经过十五年，

根据他丰富的经验，以及人生的磨炼，到了三十岁而“立”，做人做事处世的道理不变，然而，这时候还有怀疑，还有摇摆的现象。到了四十岁，才真正没有任何疑惑，但这是对形而下的学问人生而言。再加十年，到了五十岁，才“知天命”，这是形而上的思想本体范围。到了六十岁，好话坏话尽管人家去说，自己都听得进去而毫不动心，心如止水，明确是非善恶，对好的人觉得可爱，对坏的人，更觉得要帮助使其成为好人。然后再过十年，到了七十岁才“从心所欲”，而又不超过人与人之间的范围。孔子将他的人生经历以十年为限，划分成了几段，从十五岁“志于学”开始，经过时间的积累与磨砺，一步步走向成熟。

1950年，28岁的皮尔·卡丹创建了自己的服装公司，当时的巴黎，已经有非常多的大型时装公司，要在这样激烈的竞争中占据一席之地，必须另辟蹊径。

当时，各大服装公司，特别是那些高级时装公司，都把目光集中在少数的达官贵族、名门显宦、富豪巨商及其太太、小姐们身上。而且一些拥有名牌商标的商人，为了防止自己的名牌“砸锅”，非常严格、谨慎地使用自己的商标。皮尔·卡丹却破天荒地提出了“时装大众化”的口号，还出售、转让自己的商标和品牌，从中得到利润。这种营销方式，一方面扩大了皮尔·卡丹及其产品的知名度，另一方面也给他带来了丰厚的利润。

皮尔·卡丹将高级时装平民化的举动在法国社会引起了各种议论。多少年来，服装是身份的标志，是地位和等级的象征，尤其是那些贵夫人、小姐、太太们一直将时装作为她们孤芳自赏的奢侈品。此外，那些一直甘愿为所谓上层社会女士服务的服装设计师们，也对皮尔·卡丹的做法非常反感。巴黎服装业的保护组织竟因为这件事，把皮尔·卡丹除名。

标新立异的皮尔·卡丹非但没有受到损伤，反而使他进一步思考，准备进军更新的领域——男装。

法国的传统一直认为：服装是女人的领地，是女人体现价值、美丽和魅力、取悦于男人、供男人欣赏的“外包装”。涉足男装领域要“冒天下之大不韪”的风险，但同时，也从一个侧面说明，这个领域前景广阔。

皮尔·卡丹很快推出了与女装一同争奇斗艳、同样丰富多彩的男式服装系列，又一次在法国时装界制造了前所未有的轰动效应。那些往日曾经是女装一统天下的服装橱窗里，男式服装争得了重要的一席之地，而且“地盘”越来越大。

在皮尔·卡丹的事业如日中天的时候，他毅然斥资150万法郎，买下了位于巴黎闹市区有着悠久历史的“马克西姆”餐厅。人们佩服皮尔·卡丹的胆量和勇气，同时也都替他捏了一把汗，因为当时的“马克西姆”餐厅严重亏损。但皮尔·卡丹再次证明了自己的实力，不仅令“马克西姆”餐厅扭亏为盈，而且使其成为了世界著名的餐厅。

今天的皮尔·卡丹不仅是服装业的巨头，而且还是餐饮业的巨头。他曾经自信地宣称：“我将把法兰西文明的两大牛耳——服装与饮食，完全操纵在自己的手中。”皮尔·卡丹没有虚夸海口，他名下的“马克西姆”餐厅和皮尔·卡丹时装一样遍及世界各地，一样名扬天下。有人说，法国共有4个名字在全世界最响亮：埃菲尔铁塔、戴高乐、皮尔·卡丹和“马克西姆”餐厅。而这4个最响亮的名字当中，竟然有两个与皮尔·卡丹联系在一起。

就像皮尔·卡丹从女装到男装，再到饮食的探索一样，生命的历程都是一步一个脚印走过来的，是一个逐渐成长与完善、不断调整航向的过程。

柏杨先生曾说：“没有人是一生下来就立刻能建立完整的思想体系，而且始终如一。因为，生命的历程与挣扎，会慢慢地改变人的思考。就像一棵树一样，从种子发芽，到长成大树，开花、结果，每一个时刻，都是一个生命的旅程。”生命的旅程本应如此，从呱呱坠地的婴儿开始，一直到步入坟墓，都需要一步步地走过，没有所谓的“捷径”，也无法跳过其中的任何一个环节，我们所能做的，就只有把握当下正在经历的这个阶段，保证其正朝着正确的方向航行。

不“执著”放下，才会真放下

宠辱不惊，更要“毁誉不惊”

麦克是一位年轻的画家，一次他在画完一幅自己十分满意的杰作后，拿到展厅去展出。为了能听取更多的意见，他特意在他的画作旁放上一支笔，请他人指正。这样一来，每一位观赏者，如果认为此画有败笔之处，都可以直接用笔在上面圈点。当天晚上，麦克兴冲冲地去取画，却发现整个画面都被涂满了记号，没有一笔一画不被指责的。他十分懊丧，对这次的尝试深感失望。

他把自己的遭遇告诉了一位朋友，朋友告诉他不妨换一种方式试试。于是，他临摹了同样一张画拿去展出。但是这一次，他要求每位观赏者将其最为欣赏的妙笔之处标上记号。等到他再取回画时，发现画面也被涂遍了记号。一切曾被指责的地方，如今却都换上了赞美的标记。他不无感慨地说：“现在我终于发现了一个奥秘：无论做什么事情，都不可能让所有的人都满意，因为，在一些人看来是丑恶的东西，在另一些人眼里或许是美好的。”

在现实生活中，同样的事、同样的人，常常会出现不同的待遇，产生不同的结果。因为人世间每一个人的眼光各不相同，理解事物的角度也不尽一样。所以遇事要用正确的思维方式，不要完全相信你所听到的和表面看到的一切，也不要因为他人一时的批评而怀疑和迷失了自己。

孔子说：“吾之于人也，谁毁谁誉？如有所誉者，其有所试矣。斯民也！三代之所以直道而行也。”意思是：听了别人毁人、誉人，自己不要立下断语；或者说，有人攻讦自己或恭维自己，都不要过分考虑。过分的言辞，无论是毁是誉，其中一定有原因、有问题。所以毁誉不是衡量人的绝对标准，听的人必须要明辨。“毁誉不惊”是一种智慧，是一种对生活淡然的态度。

有位修为很高的禅师叫白隐，无论别人怎样评价他，他都只是淡淡地说一句：“就是这样吗？”

在白隐禅师所住的寺庙旁，有一对夫妇开了一家食品店，家里有一个漂亮的女儿。无意间，夫妇俩发现女儿的肚子无缘无故地大了。这种丢人现眼的事情，使得这对夫妇震怒异常！在父母的一再逼问下，女儿终于吞吞吐吐地说出“白隐”两字。

这对夫妇怒不可遏地去找白隐理论，但这位大师不置可否，只是若无其事地答道：“就是这样吗？”孩子生下来后，这对夫妇直接将其送给了白隐。此时，白隐早已名誉扫地，但他并不以为然，而是非常细心地照顾孩子——他向邻居乞求婴儿所需的奶水和其他用品，虽不免横遭白眼，或是冷嘲热讽，但他总是处之泰然，仿佛他是受托抚养别人的孩子一样。

事隔一年后，这位单亲妈妈终于不忍心再欺瞒下去了，老老实实地向父母吐露真情：孩子的生父是同村里的一位青年。

这对夫妇立即将她带到白隐那里，向他道歉，请他原谅，并将孩子带回。

白隐仍然是淡然如水，只是在交回孩子的时候，轻声说道：“就是这样吗？”仿佛不曾发生过什么事，即使有，也只像微风吹过耳畔，霎时即逝！

“就是这样吗？”这平平淡淡的一句话，就是对“毁誉不惊”最好的解释。白隐为给邻居女儿以生存的机会和空间，代人受过，牺牲了为自己洗刷清白的机会，受到人们的冷嘲热讽，但是他始终处之泰然。

世上有许多事情的确是难以预料的人的一生，有如簇簇繁花，既有红火耀眼之时，也有暗淡萧条之日。面对成功或荣誉，要像白隐那样，把世俗毁誉看轻些，看淡些。成功了要时时记住，世上的任何一样成功或荣誉，都依赖周围的其他因素，绝非你一个人的功劳。失败了不要一蹶不振，只要奋斗了，拼搏了，就可以无愧地对自己说：“天空不留下我的痕迹，但我已飞过。”

但是，人们大都渴望和追求荣誉、地位、面子，为拥有它而自豪、幸福；人不情愿受辱，为反抗屈辱甚至可以以生命为代价。所以，现实人生便出现了各种各样争取荣誉的人，形形色色反抗屈辱的勇者和斗士；也有为争宠、争荣不惜出卖灵魂、丧失人格的势利小人。当然，也有人把荣誉看得很淡，甘做所谓“荣辱毁誉不上心”的清闲人、散淡者。他们对客观的、外在的出身、家世、钱

财、生死、容貌都看得很淡泊，追求精神的超脱、洒脱，正所谓“去留无意，任天空云卷云舒；宠辱不惊，看窗外花开花落。”

唯有后者，才能在变幻莫测的生活中，享受到平静与快乐、安宁与幸福。

不为物累，简单生活

幸福是人生活追求的最终目标。我们奋斗、创造、发明、工作，所追求的最终结果都是为了享受生活的幸福与快乐。但是，长期以来，人们一直存在一种误解，认为金钱是幸福与快乐的源泉，更有甚者认为金钱本身就是幸福。

其实，金钱对我们而言，永远是工具，只是我们实现目的的手段而已，而不是目的。有金钱并不等于就有幸福，金钱与幸福并没有必然的联系。不仅如此，金钱甚至有时还可以成为致命的“凶器”。

一天，一对很要好的朋友在树林里散步，突然有个乞丐慌忙地从丛林中跑出来，他们便问道：“什么事让你这么惊慌失措？”

乞丐说：“太可怕了，我在树林里挖到了一堆金子！”

这两个人心里禁不住地想：“这个人真是傻瓜！挖到黄金，这么好的事情居然觉得害怕！”于是他们问道：“你在哪里挖到的？能告诉我们吗？”

乞丐问：“这么厉害的东西，你们不怕吗？它会吃人的！”

那两个人不以为然地说：“我们不怕，请你告诉我们在哪儿吧！”

乞丐说：“就在森林最东边的那棵树下面。”

于是，他们立刻找到那个地方，果然发现了很多金子。

一个人对另一个人说：“这个乞丐真是愚蠢，有这些金子他根本用不着再讨饭了，而且人人渴望的金子在他眼里却成了吃人的东西！真是个傻瓜，难怪要一辈子讨饭。”

另一个人也随声附和地点头称是。

他们于是讨论怎么处置这些金子，其中一人说：“白天拿回去不太安全，还是晚上再拿回去吧。我在这儿看着，你回去拿些饭菜，我们等到天黑再把金子拿回去吧。”

另外一个人就照他说的去做了。留下的那个想：“如果这些金子都归我一个人多好呀。等他回来，我就用棍子打死他，这些金子就都属于我了。”他开心地笑了。

回去拿饭的那个也在想，独占这些金子该多好呀，于是就在饭菜里下了毒，要毒死他这位朋友。

刚回到树下，那个朋友就用木棍将他打死，然后说道：“亲爱的朋友，我本不想杀你的，可是这堆金子逼迫我这样做的。”

之后，他拿起朋友送来的饭菜，狼吞虎咽地吃起来了。没过多久，他就觉得肚子里如火烧一样，他知道自己中毒了，临死前他无限感叹地说：“乞丐说的话真是一点都不错呀！”

正所谓“人为财死，鸟为食亡”，心中只有“金钱”两个字，就会成为金钱的奴隶，神志混乱，在本能的驱动下做出令人痛恨的事情。

金钱可以使人们在很多方面生活得更好：物质财富、娱乐、教育、旅游、医疗、朋友、更强的信心、更充分地享受生活、更自由地表达自我、激发你取得更大成就、提供从事公益事业的机会。但当我们过分迷恋金钱时，金钱就会使人性变得畸形，它就像一个理智的杀手一样，把人引诱到一个可怕的竞争中，使人迷失自我。

我们不妨停下脚步，回头看一看现代人的生活：所有人都莫名其妙地忙碌着，被包围在混乱的杂事、杂务、尤其是杂念之中，一颗颗跳动的心被挤压成了无气无力的皮球，在坚硬的现实中疲软地滚动着。不知不觉中，我们已经陷入了一种恶性循环，离真正的快乐、甚至真正的生活越来越远。

其实，一个人需要的十分有限，许多附加的东西只是徒增无谓的负担而已。曾有这么一个比喻：“我们所累积的东西，就好像是阿米巴变形虫分裂的过程一样，不停地制造、繁殖，从不曾间断过。”而那些不断膨胀的物品、工作、责任、人际、家务占据了你全部的空间和时间，许多人每天忙着应付这些事情，早已喘不过气来，每天甚至连吃饭、喝水、睡觉的时间都没有，也没有足够的空间活着。拼命用“加法”的结果，就是把一个人逼到生活失调，精神濒临错乱的地步。

著名导演史蒂芬曾经说过："我到过许多地方，发现世上许多人的生活比我们简单得多，然而却能体现他们自身的价值，更平静、更悠闲。自然的生活原本是简单的生活，但是，我们的文化鼓励我们竞争，让我们一忙再忙。我们已经看不到窗外的阳光、听不到树林的声音，甚至无法一心一意地去做一件小事情。"对于真正享受生活的人来说，任何不需要的东西都是多余的。适当放下是一种洒脱，是参透人性后的一种平和。背负了太多的欲望，总是为金钱、名利奔波劳碌，整天忧心忡忡，又怎么能有快乐呢？只有放下那些过于沉重的东西，才能得到心灵的放松。

也许是我们真的太累了。如果你想过一种幸福快乐的生活，就不能背负太多不必要的包袱，要学会删繁就简。在追逐生活的过程中，我们也应该尝试着放下那些看似重要的物质，让一切都恢复简单的面孔。生活，不需要很奢华，有时候，一顿简单的晚餐，一句简单的问候，一张简单的卡片，或者一首简单而又甜美的小诗，就能够满足我们的内心，让我们感受到生活的幸福。

以舍为得，妙用无穷

渔人在捕鱼，一只莺鸟飞下，叼走了一条鱼。有无数只乌鸦看见了鱼，便聒噪着追逐莺鸟。莺鸟不论飞东飞西，满天的乌鸦都是紧追不舍，莺鸟无处可逃，疲累地飞行，心神涣散时鱼就从嘴里掉下来了。那群乌鸦朝着鱼落下的地方继续追逐。莺鸟如释重负，栖息在树枝上，心想：我背负这条鱼，让我恐惧烦恼；现在没有了这条鱼，反而内心平静，没有忧愁。

如果情爱是束缚，你能舍去情爱，不就得到自在了吗？如果骄慢是烦恼，你能舍去骄慢，不就能得到清凉了吗？如果妄想是虚妄，你能舍去妄想，不就能得到真实了吗？如果挂碍是痛苦，你能舍去挂碍，不就能得到轻松了吗？所以能舍什么，就能得什么，这是必然道理。

舍得，以"舍"为"得"！这其中的因、缘、果之关系，如果我们不能了然，就不容易明白"以舍为得"的妙用。在田地里，没有播种（舍），哪里有收成（得）？对于亲戚朋友，你不先跟他们

往来，平时没有送礼致意，怎么能获得他们的回礼相赠呢？

舍，看起来是给人，实际上是给自己。给人一句好话，你才能得到别人回你一句赞美；给人一个笑容，别人才能对你回眸一笑。舍和得的关系，就如因和果，因果是相关的，舍与得也是互动的。能够舍的人，一定是拥有富者的心胸；如果他的内心没有感恩、结缘的性格，他怎么肯舍给人，怎么能让人有所得呢？他的内心充满欢喜，他才能把欢喜给你；他的内心蕴藏着无限的慈悲，他才能把慈悲给你。自己有财，才能舍财；自己有道，才能舍道。有的人心中只有贪嗔愚痴，他给人的当然也是贪嗔愚痴。所以我们劝人不要把烦恼、愁闷传染给别人，因为舍什么就会得什么，这是必然的因果。

有一个民间故事：父亲乐善好施，经常给人，他反而家财万贯。而他的儿子却性情贪吝。等到父亲去世，儿子掌权，千方百计搜刮别人的财富，最后天灾人祸，家遭不幸，一无所有了。父子二人，一给一受，其结果得失有天壤之别，所以“以舍为得”，诚信然也！

舍，在佛教里就是布施的意思。布施，就如尼拘陀树，种一收十，种十收百，种百可以结果千千万万。所以吾人在世间希望长命百岁、荣华富贵、眷属和谐、名誉高尚、身体健康、聪明智慧，先要问——你有播下春时种吗？否则秋天怎么会有收成呢？

舍，要能以慈、以利，亦即要能给人善法，要能给人利益。《四十二章经》说：“仰天吐唾，唾不至天，还堕己面；逆风扬尘，尘不至彼，还坌己身。”施舍亦如送礼给人，如果我们所送的礼物不恰当，对方不肯接受，那就只有自己收回，所以我们“己所不欲，勿施于人”。

我们喜欢冬阳，因为冬阳给我们光热；我们喜欢大树，因为大树给我们阴凉；我们喜欢儿女，因为儿女给我们孝养；我们喜欢朋友，因为朋友给我们帮助。如果太阳、大树、儿女、朋友都不给我们利益，我们怎么会欢喜他们呢？

走路时，不舍去后面的一步，便无法跨出向前的一步；作文时，不舍去冗长的赘语，便无法成为精简的短文；庭院里的花草树木，如果你舍不得剪去枯枝败叶，它就无法长出嫩叶的新芽；城市中，如果你舍不得破坏简陋的违章建筑，便无法建设市容整齐的现代大都会。

僧侣“出家无家处处家”，如果不能割爱舍亲，怎么能出家学道？怎么能云游四海、弘法利生呢？古圣先贤“先天下之忧而忧，后天下之乐而乐”，如果不能舍己为人，又怎么能名垂千古、流芳青史呢？

佛陀“难行能行，难忍能忍”，因为他能够割肉喂鹰，舍身饲虎，所以才能成就佛道。雪山童子偈语“诸行无常，是生灭法；生灭灭已，寂灭为乐”，因为他能舍身为道，终能如愿得道。一个人如果不能舍去陈旧的陋习，如何能更新、进步呢？学佛，就是要“舍迷入悟、舍小获大、舍妄归真、舍虚由实”。所谓“放下屠刀，立地成佛”，放下就是舍，不舍，如何成佛？

以舍为得，妙用无穷。吾人要能学习舍的性格：金钱物质、知识技能，能将其舍给别人，你必然会得到金钱物质、知识技能。舍给别人好的，会得到好的；舍去性格上坏的，也会得到好的。当我们把烦恼、悲伤、无明、妄想都舍了，自然就会得到人生的一番新境界。

人生要懂得转弯

人生处处有死角，要懂得转弯

人生之路漫漫长远，遇到各式各样的问题在所难免，有人称其为“拦路虎”，有人称其为“绊脚石”。对于身处其中的人而言，这些问题更像是一个个死角，将人困住，仿佛前方已经无路可走，只能待在原地束手待毙。

按照正常思路，我们往往不得其法。既然无法冲过去，何不另外找寻一条路呢？解决问题并非无路可走，只是在有些时候，那条道路还尚未被发现。或许我们需要改变方向，另外开辟了新路子；又或许我们只需扭过头，转个弯，就能找到出路。

一个犹太人走进纽约的一家银行，来到贷款部。

“请问先生，我可以为你做点什么？”经理一边问，一边打量着这个西装革履满身名牌的来者。

“我想借些钱。”

“好啊，你要借多少？”

“一美元。”

“只需要一美元？”

“不错，只借一美元，不可以吗！”

“噢，当然，不过只要您有担保。”经理虽然有些惊奇，但是根据银行规定，犹太人的提议无法拒绝。

“好吧，这些做担保可以吗？”

犹太人接着从豪华的皮包里取出一堆股票、国债等等，放在经理的写字台上。

“总共五十万美元，够了吧？”

“当然，当然！不过，你真的只要借一美元吗？”经理疑惑地看着眼前的怪人。

“是的。”说着，犹太人接过了一美元。

“年息为百分之六，只要您付出百分之六的利息，一年后归还，我们就可以把这些股票退还给您。”

“谢谢。”

犹太人说完准备离开银行。

但是经理越想越不明白，拥有五十万美元的人，怎么会来银行借一美元，于是他慌慌张张地追上前去，对犹太人说：“啊，这位先生……”

“有什么事吗？”

“我实在弄不清楚，你拥有五十万美元，为什么只借一美元呢？你不以为这样做你很吃亏吗？要是你想借三十、四十万元的话，我们也会很乐意……”

犹太人笑了：“我来纽约办些事情，可是这么多东西带在身上很不方便，但是保险箱的租金都很昂贵。所以嘛，我就准备在贵行寄存这些东西，一年只需要花六美分，租金简直是太便宜了。”

将那些股票、债券存放到保险箱无疑是个最“正常”的方法，但是对这个犹太人来说，高额的费用令他无法接受。于是，他另辟蹊径通过贷款一美元的新奇方法，让自己的巨额财富安全存放在银行。目的地一样，走的路却不同，而且是更便捷、代价更小的那条路。

条条道路通罗马，如果你百般努力却成功无期，那就不要盲目地坚持到底，你可以选择变通，让思路转个弯，绕道而行，这往往会给你带来新的契机。

顺治元年（1644），清王朝迁都北京以后，摄政王多尔衮便着手进行武力统一全国的战略部署。当时的军事形势是：农民军李自成部和张献忠部共有兵力四十余万；刚建立起来的南明弘光政权，汇集江淮以南各镇兵力，也不下五十万人，并雄踞长江天险；而清军不过二十万人。如果在辽阔的中原腹地同诸多对手作战，清军兵力明显不足。况且迁都之初，人心不稳，弄不好会造成顾此失彼的局面。

多尔衮审时度势，机智灵活地采取了以迂为直的策略，先怀柔南明政权，集中力量攻击农民军。南明当局果然放松了对清的警惕，不但不再抵抗清兵，反而派使臣携带大量金银财物，到北京与清廷谈判，向清求和。这样一来，多尔衮在政治上、军事上都取得了主动地位。顺治元年七月，多尔衮对农民军的进攻取得了很大进展，后方亦趋稳固。此时，多尔衮认为最后消灭明朝的时机已经到来，于是，发起了对南明的进攻。当清军在南方的高压政策和暴行受阻时，多尔衮又施以迂为直之术，派明朝降将、汉人大学士洪承畴招抚江南。顺治五年（1648），多尔衮以他的谋略和气魄，基本上完成了清朝在全国的统治。

百折不回的精神虽然可嘉，但如果困难是一座无法移动的大山，何必撞得头破血流还要继续撞？此时，我们最好是变通方向，此路不通有他路，回头绕道而行，或者借梯子爬过去。无论是回头去找新路，还是回头去找梯子，都是走出直线去画圆，都是为了走通前进的那条路。为了达到目标，暂时走一走与理想相背驰的路，有时也是智慧的表现。

俗话说：“变则通，通则久！”人生的道路并不总是直的，山路弯弯，水路弯弯，人生之路亦弯弯，所以喜欢走直路的人要学会变通，绕道而行。在经历一些暂时没有办法解决的事情面前，我们应该学着变通，不能死钻牛角尖。

学会绕道而行，迂回前进，这是人生的大智慧。当你用一种方法思考一个问题或从事一件事情，遇到思路被堵塞之时，不妨另用他法，换个角度去思考，换种方法去做，也许你就会茅塞顿开、豁然开朗，有种“山重水复疑无路，柳暗花明又一村”的感觉。

变通，走出人生困境的锦囊妙计

生活中常常会遇到许多难题，怨天尤人或许可以暂时地抒发心中郁结的不满，但积极应对才是正确的做法。变通，就是帮助人们走出困境的锦囊妙计。

无论是解决生活中的问题和困难，还是提升自我，善于用变通的思路和方法都是有助于一个人取得成功的。变通决定出路，不变通，就无法创造更高的价值；不变通，就只能守在原地，永远无法突破。

东晋明帝时，中书令温峤遭到了明帝的亲信、大将军王敦的妒忌。王敦于是请明帝任温峤为左司马，归王敦所管理，准备等待时机除掉。温峤为人机智，洞悉王敦所为，便假装殷勤恭敬，综理王敦府事，并时常在王敦面前献计，借此迎合王敦，使他对自己产生好感。除此之外，温峤有意识地结交王敦唯一的亲信钱凤，并经常对钱凤说：“钱凤先生才华能力过人，经纶满腹，当世无双。”

因为温峤在当时一向被人认为有识才看相的本事，因而钱凤听了这赞扬心里十分受用，和温峤的交情日渐加深，同时便常常在王敦面前说温峤的好话。透过这一层关系，王敦对温峤戒心渐渐解除，甚至引为心腹。

不久，丹阳尹辞官出缺，温峤便对王敦进言：“丹阳之地，对京都犹如人之咽喉，必须有才识相当的人去担任才行，如果所用非人，恐怕难以胜任，请你三思而行。”王敦深以为然，就请他谈自己的意见。温峤诚恳答道：“我认为没有人能比钱凤先生更合适的了。”王敦又以同样的问题问钱凤，因为温峤推荐了钱凤，碍于面子，钱凤便说：“我看还是派温峤去最适宜。”这正是温峤暗中打的小算盘，果然如愿。王敦便推荐温峤任丹阳尹，并派他就近暗察朝廷中的动静，随时报告。

温峤接到派令后，马上就做了一个小动作。原来他担心自己一旦离开，钱凤会立刻在王敦面前进谗言而让王敦召回自己。于是，他在王敦为他饯别的宴会上假装喝醉了酒，歪歪倒倒地向在座同僚敬酒。敬到钱凤时，钱凤未及起身，温峤便以笏击钱凤束发的巾坠，不高兴地说："你钱凤算什么东西，我好意敬酒你却不敢饮。"王敦以为温峤真的喝醉了，还为此劝两人不要误会。温峤去时，突然跪地向王敦叩别，眼泪汪汪。出了王敦府门又回去三次，好像十分不舍离去的样子，弄得王敦十分感动起来。

温峤刚上任，钱凤真的晋见王敦说："温峤为皇上所宠，与朝廷关系密切，何况又是皇上的舅舅庚亮的至交，实在是不能信任的。"王敦以为钱凤是因宴会上受了温峤的羞辱而恶意中伤，便生气斥责道："温峤那天是喝醉了，对你是有点过分，但你不能因这点小事就来报复嘛！"钱凤深感羞惭，快快退出。

温峤终于摆脱王敦的控制，回到了建康，将王敦图谋叛逆的事报告了明帝；又和大臣庚亮，共同计划征讨王敦。消息传到武昌王敦将军府，王敦勃然大怒："我居然被这小子骗了。"然而，事已至此，也无力再改变什么了。

遇到困难时，有人抱着僵化静止的思维方式，裹足不前，不懂变通，自封出路；也有人积极思考，通过变通来解决问题。

一天夜里，一场雷电引发的山火烧毁了美丽的"万木庄园"，这座庄园的主人迈克陷入了一筹莫展中。面对如此大的打击，他痛苦万分，闭门不出，茶饭不思。

转眼间，一个多月过去了，年已古稀的外祖母见他还陷在悲痛之中不能自拔，就意味深长地对他说："孩子，庄园变成了废墟并不可怕，可怕的是，你的眼睛失去了光泽，一天一天地老去。一双老去的眼睛，怎么能看得见希望呢？"

在外祖母的劝说下，迈克决定出去转转。他一个人走出庄园，漫无目的地闲逛。在一条街道的拐弯处，他看到一家店铺门前人头攒动，原来是一些家庭主妇正在排队购买木炭。那一块块躺在纸箱里的木炭让迈克的眼睛一亮，他看到了一线希望，急忙兴冲冲地向家中走去。

在接下来的两个星期里，迈克雇了几名烧炭工，将庄园里烧焦的树木加工成优质的木炭，然后送到集市上的木炭经销店里。

很快，木炭就被抢购一空，他因此得到了一笔不菲的收入。他用这笔收入购买了一大批新树苗，一个新的庄园初具规模了。几年以后，“万木庄园”再度绿意盎然。

有一本名叫《一变就通》的书中指出：“什么不可阻挡？变通不可阻挡！什么是无敌的？变通是无敌的！你知道世界上最善于变通的东西是什么吗？有人说是变色龙，也有人说是天上的云，还有人说是女人的心。其实都不是。世界上最善于变通的东西应该是水。水是什么？诗人说，水是音乐，泉水叮咚，沁人心脾；科学家说，水是无色无味的液体；农民说，水是庄稼不可缺少的东西；防汛指挥部的人说，水是洪水猛兽；军事家说，水是百万雄兵，可以淹七军。然而，我却说：‘水是变通。’”

如果我们能像水一样，随着环境的变化而懂得变通，那么无论面对的是什么样的困境，都会变得游刃有余，在人生的道路上顺遂得多。

无意义的坚持会让你走更多弯路

果敢放弃，不留丝毫犹豫和留恋

有一个聪明的年轻人，很想在所有方面都超过他身边的所有人，尤其想成为一名大学问家。可是，许多年过去了，他的学业没有长进。他很苦恼，就去向一个大师求教。

大师说：“我们登山吧，到山顶你就知道该如何做了。”

那山上有许多晶莹的小石头，煞是迷人。每次见到他喜欢的石头，大师就让他装进袋子里背着，很快，他就吃不消了。“大师，再背，别说到山顶了，恐怕连动也不能动了。”他疑惑地望着大师。“是呀，那该怎么办呢？”大师微微一笑：“该放下了，不放下，背着石头怎能登山呢？”大师笑了。

年轻人一愣，忽觉心中一亮，向大师道了谢走了。之后，他一心做学问，最终成为一名大学问家。

人的一生离不开选择，生活中随时都面临着选择。在一定意义上来讲，人生就是选择，生活就是选择。选择得对与错、当与否、优与劣，将直接影响人生，决定着人生的成败。法国艺术家杜拉斯曾说：“人之一生，不可能什么东西都能得到，总有可惜的事情，总有放弃的东西。不会放弃，就会变得极端贪婪，结果什么东西都得不到。”孟子也曾说：“鱼，我所欲也；熊掌，亦我所欲也，二者不可得兼，舍鱼而取熊掌也。”

所以，舍弃是人生的一门必修课，唯有懂得在面对选择时，如何做出最明智的取与舍，才不至于被多的东西所拖累，在一条自己愿意走的路上走得越来越远。相反，如果把眼前小的利害看得太重，反而会失去大的利益，那样只会得不偿失，自绝后路。

小张所在的装饰公司已经好几个月没有工程可做了。就在大家为公司的前途焦虑的时候，老板拿来了一份海滨别墅的装修合同，并委派小张负责这个工程。

小张喜出望外，三天后便拿出了设计方案和效果图，经客户审阅后很快付诸实施。在接下来的日子里，小张一心扑在工程上，从选料到施工严格把关，生怕出现质量问题。

5个月后，工程即将完工，老板来到工地检查。当老板走过回廊，准备穿过客厅去花园时，突然停在了一面玻璃墙前。他用视线量了量角度，又用手敲了敲墙体，然后转身拿过来一把铁锤猛地朝玻璃墙砸去。只听“轰”的一声，玻璃墙成了一地碎片。“老板，你为什么要砸这面墙？”小张被老板的举动惊呆了。“玻璃墙偏了5度，抗冲击力不够。这令我不满意。”“你不满意，也犯不着一锤子就砸碎1万元呀！”“我宁可一锤子砸碎眼前这1万元，也不愿意让这面墙影响了整个工程的质量而失去市场，失去日后的100万，甚至1000万！”

小张极不情愿地重新选料，并赶在交工前重新装修好了那面玻璃墙。交工那天，精美的装修赢得了客户的高度评价，而且还为他

们推荐了几个新的客户。公司由此渡过了困难时期，业务量开始大幅攀升。

在公司举行的庆功酒会上，老板亲切地对小张说："1万元是能看得到的，而100万元、1000万元则是看不到的。看得到的永远是那么一点点，看不到的才是一大片。年轻人，不被眼前的利益所诱惑，你的脚步才会走得更远。"

有些时候，我们的选择不仅仅是大与小的问题，也可能是获得与失去的问题，这样的放弃更需要决心与勇气。但如果能在这种情况下，做出最明智果断的放弃，才更有可能走出一片属于自己的天空。

《心灵鸡汤》系列读本，这些年来被翻译成数十种语言，感动激励了无数的人，可谁也想不到，这套书的作者美国励志演讲者之一马克·汉森，在开始写作之前，从事的竟然是建筑行业。

原来，马克在建筑业经营彻底失败之后，果断地选择了放弃，选择了彻底退出建筑业，并忘记有关这一行的一切知识和经历，甚至包括他的老师——著名建筑师布克敏斯特·富勒。他决定去一个截然不同的领域创业。

他很快就发现自己对公众演说有独到的领悟和热情，而这是个最容易赚钱的职业。一段时间之后，他成为一个具有感召力的一流演讲师。后来，他的著作《心灵鸡汤》和《心灵鸡汤2》双双登上《纽约时报》的畅销书排行榜，并停留数月之久。

在这场职业选择中，马克果敢地舍弃了自己已经从事多年的建筑行业，没有丝毫的犹豫和留恋，全身心地投入了新的更适合自己的领域之中。从这个角度来看，放弃并不意味着认输，而是选择另一条更适合自己的人生道路。

选择和放弃都是人生的智慧，理智选择、果断放弃才能让自己轻装上阵，畅意人生。

挫折时，我们不妨换个角度思考

人生不如意事十之八九，每个人都面临着各种各样的烦恼：工作上杂乱的琐事，身体上偶尔的小疾，感情上的磕磕碰碰……面临麻烦，我们总是表现得惊慌失措，想急于将它甩掉。但是，麻烦往往如

影相随，让人无法彻底甩掉。生活中的麻烦一个叠着一个，你按下葫芦，却浮起了瓢。因此，我们需要像泰戈尔一样，把麻烦看做是生命中赖以表现自己韵律的一部分，以豁达、从容的心态而处之。

面对挫折，我们同样需要这种从容的心态。与此同时，我们还需要一种改变现状的思路。愈研究那些有成就者的事业，我们就愈加深刻地感觉到，他们之中有非常多人的成功是因为开始的时候有一些会阻碍他们的缺陷，促使他们加倍地努力而得到更多的报偿。正如威廉·詹姆斯所说的：“我们的缺陷对我们有意外的帮助。”

对很多现代人来说，身材矮小，无疑可以称得上是一种缺陷，甚至有人因此遭遇别人奇特的眼光，令自己逐渐陷入自卑的深渊之中。但是正如潘长江在他的表演中所说的那样：“浓缩的才是精华。”一位国际舞台上的著名矮子也以自己矮小的身材为傲。他名叫罗慕洛，长期担任菲律宾的外交部长，他的身高只有1.63米。他写了一篇非常著名的文章——《愿生生世世为矮人》，来讲述矮子也有矮子的好处：

在巴黎举行的联合国会议上，我和苏联代表团团长维辛斯基激辩。他把所有轻蔑别人的天赋都向我发挥出来，他说：“你不过是个小国家的小人罢了。”

我的国家和他的相比，不过是地图上一点而已。我的身高只有1.63米。

即使在家中，我也是矮子。我的四个儿子全比我高。我太太穿高跟鞋时也比我高一点。有一次她接受访问，谦虚地说：“我情愿躲在我丈夫的影子里，沾他的光。”朋友打趣地说，这样的话，就没有多少地方好躲了。

第二次世界大战期间，我是麦克阿瑟将军的副官，他比我高20厘米。那次登陆雷伊泰岛，新闻报道说：“麦克阿瑟将军从深及腰部的水中走上岸了，罗慕洛将军和他在一起。”一位专栏作家立即拍电报调查真相。他认为如果水深到麦克阿瑟将军的腰部，我就要淹死了。

许多矮子都因为身材而自惭形秽，我年轻的时候也穿过高底鞋。使用这个法子有一种精神上的不舒服，我感到我是在自欺欺人。

其实这种鞋子剥夺了我天赋的一大便宜。因为，矮小的人一旦有了成就，别人就觉得出乎意料，不由得佩服起来。

有一年我在哥伦比亚大学参加辩论小组，因为矮小，样子不像大学生而像小学生。一开始，听众就为我鼓掌助威。

1945年，联合国创立会议在旧金山举行，我以无足轻重的菲律宾代表团团长身份，应邀发表演说。讲台差不多和我一样高，我庄严地说："我们就把这个会场当做最后的战场吧。"全场登时寂然，接着爆发出一阵掌声。我放弃了预先准备好的演讲稿，畅所欲言，思如泉涌。"维护尊严，言辞和思想比枪炮更有力量……唯一牢不可破的防线是互助互谅的防线！"

这些话如果是大个子说的，听众可能客客气气地鼓一下掌，但菲律宾那时离独立还有一年，我又矮小，由我来说，就有意想不到的效果。从那天起，小小的菲律宾在联合国大会中就被各国当做资格十足的国家了。

早在1935年，我应邀到圣母大学接受荣誉学位，并且发表演说。那天罗斯福总统也是演讲人。事后他笑吟吟地怪我"抢了美国总统的风头"。

一个人有没有用，和个子大小无关。历史上许多伟大的人物都是矮子。贝多芬和纳尔逊都只有1.63米，他们与只有1.52米的诗人济慈及哲学大师康德相比，已经算高大的了。

还有一位最著名的矮子是拿破仑。好些心理学家说，历史上之所以有拿破仑时代，完全是拿破仑的身体作祟。他因为矮小，所以要世人承认他是伟大的人物，失之东隅，藉此收之桑榆。

前面提到，苏联代表维辛斯基因为我胆敢批评他的国家而出言相讥。我当然不会任凭他侮辱矮子而不加反驳：

"此时此地，把真理之石向狂妄的巨人眉心掷去——使他们的行为有些检点，是矮子的责任！"

维辛斯基凶狠地瞪着眼，但是没有再说什么。

矮子，对许多人而言，都是心中无法言说的痛，但在罗慕洛看来，却拥有无穷的力量。这其中的关键就在于，换个角度看问题。

人的一生中，难免会遇到挫折与困难。成功者会巧妙加以变

通，把负面效应变成正面结果；失败者则只是陷入自怨自艾之中，毫无作为，使事情更加糟糕。其实，当你改变想法的时候，世界也就跟着变了，心念一转，你会发现一个更广阔的世界。

人生随时都可以重新开始

执著与固执只有一步之遥

卡勒先生说：“许多青年人的失败，都应归咎于他们没有恒心。”几乎所有的成功者都拥有的特质是：绝不因受到任何阻挠而颓丧，只知道盯住目标，勇往直前。坚持到底，是执著的必备要素，也是成功的重要条件。如果失去了这些条件，即使你才识渊博，技能熟练，也无法成功。

在人生的历程中，我们总会遇到很多困难。正因为有了无所不在的困难和挫折，我们内在的自我潜能才能得到更深层次的挖掘和利用，如果生活总是一帆风顺，那我们自身就不会获得更大的进步。所以，逃避困难的行为不仅是不现实的，而且还不利于我们自身的进步和发展。为此，我们不仅不能逃避困难，而且还应该以更加积极的心态来主动迎接困难，通过自己坚持不懈的努力最终克服困难、实现成功，这就是执著心态。

正是因为有了坚持到底的品质，才有了中国宏伟的长城，才有了耶路撒冷巍峨的庙堂；正是因为有了坚持到底的品质，人类才消除了各种障碍，建立起了人类居住的共同体；因为有了坚持到底的品质，人们才登上了气候恶劣、云雾缭绕的山峰，才在宽阔无边的海洋上开辟了通道。坚持到底的品质让天才在大理石上刻下了精美的创作，在画布上留下了大自然恢弘的缩影；坚持到底创造了纺锤，发明了飞梭；坚持到底使汽车变成了人类胯下的战马，装载着货物翻山越岭，在天南地北往来穿梭；坚持到底把对大自然的研究分成了许多学科，探索自然的法则，预言其景象的变化，丈量没有开垦的土地；坚持到底还让白帆撒满了海上，使海洋向无数民族开放，每一片水域都有了水手的身影，每一座荒岛上都有了探险者留下的足迹。

在通往成功的道路上，执著是一个非常重要的前提。然而，正所谓“物极必反”， 有时不切实际地一味执著，就成了固执，是一种愚昧与无知，此时放弃才是明智之举。放弃掉无谓的固执，冷静地用开放的心胸做正确抉择，否则，一味固执地坚持着走错误的路，必然会遭受沉重的打击。

有一个美国青年喜欢搞研究，满脑子里都是稀奇古怪的想法，他渴望有一天成为举世瞩目的发明家，让全世界的人都享用他的发明成果。

无意间，他发现了一份能将清水变成汽油的广告，于是马上买来了资料，把自己关在屋子里，不接待任何客人，电话线掐断，手机关机，总之一切与外界的联系都被他切断了。他需要绝对的安静，需要绝对的专心，直到这项伟大的发明成功。

青年夜以继日地研究，到了废寝忘食的程度。每次吃饭的时候，为了不受打扰，都是母亲从门缝里把饭塞进来。他常常是两顿饭合成一顿吃，很多时候都把黑夜当做黎明。母亲看见自己的儿子越来越瘦，心疼不已，趁儿子上厕所的时候，偷偷溜进他的卧室，看他的研究资料。母亲还以为儿子的研究有多伟大，原来是研究水如何变成汽油，这根本是不可能的事情。

母亲不想眼睁睁地看着儿子陷入荒唐的泥淖中无法自拔，于是劝儿子说：“你要做的事情根本不符合自然规律，别再瞎忙了。”可是青年压根儿就不听，他头一昂，回答说：“只要坚持下去，我相信总会成功的。”

五年过去了，十年过去了，二十年过去了……青年已白发苍苍，父母死了，没有工作，他只能靠政府的救济勉强度日。可是他却感觉自己的内心非常充实，依然屡败屡战，屡战屡败。

一天，多年不见的好友来看他，无意间看到了他的研究计划，惊愕地说：“原来是你！几十年前，我因为无聊贴了一份水变汽油的假广告。后来有一个人向我邮购所谓的资料，原来那个人就是你！”

青年听完好友的话，当即就崩溃了，最后住进了精神病院。

通常我们形容像青年这种顽固不化的人是“一条路走到黑”“头碰南墙不转弯”。这些人有可能一开始方向就是错误的，但仍

然一味地坚持，守着最初的目标和承诺，一直不肯回头，最终必将付出惨痛的代价。

在人生的每一个关键时刻，我们都应该审慎地运用智慧，做最正确的选择。虽说做事情要懂得坚持，只有坚定目标，并为之努力，才有机会实现自己的理想。可是，执著与固执只有一步之遥，并不是所有的事情都是值得我们去坚守的。如果事情的开始就弄错了方向，那么我们完全可以放弃，只有这样我们才能在做错的事情中吸取教训，并找到更好的发展道路。在没有胜算把握和科学根据的前提下，应该见好就收，知难而退。走不通的路，就立即收住脚步，检查其原因，调整原来的方向，从而突破桎梏，拓展新的思考空间。这样才可以避免因为过于固执而惨遭生活的戏弄，被现实撞得头破血流。

掬一捧清泉，原来只需换个地方打井

一艘远洋海轮不幸触礁，沉没在汪洋大海里，幸存下来的十名船员拼死登上一座孤岛，才得以幸存下来。但接下来的情形比想象中的更加糟糕，因为岛上除了石头，没有任何可以用来充饥的东西。更要命的是，在烈日的暴晒下，每个人都渴得喉咙冒烟，水成为了最珍贵的东西。尽管四周都是海水，可谁都知道，海水又苦又涩又咸，根本不能用来解渴。所以他们唯一的生存希望，就是老天爷下雨或别的过往船只发现他们。

他们十个人在煎熬中开始了漫长的等待，然而天气始终晴朗无云，甚至连阴天都没出现过，显然没有任何下雨的迹象，天际除了一望无边的海水还是海水，没有任何船只经过这片死一般寂静的海域。渐渐地，船员们支撑不住了。九个船员相继因为过度缺水而死，最后一位船员就在快要渴死的时候，想着反正横竖是一死，直接扑进海水里，“咕嘟咕嘟”地喝了一肚子海水。喝完之后，他一点儿也没有感觉到海水的苦涩味，相反觉得这海水非常甘甜，十分解渴。他以为这是自己渴死前的幻觉，便静静地躺在岛上，等着死神的降临。然而，他一觉醒来发现自己还活着，后来他就依靠喝岛边的海水度日，终于等来了救援的船只，重新回到了原本的生活。

后来人们化验海水时发现，这里由于有地下泉水不断翻涌，所

以，海水实际上是可口的泉水，完全可以作为饮用水。

海水不能饮用，是绝大多数人都知道的一个赏识，已经成了一种惯性思维，因此流落荒岛的船员们认定海水救不了自己，所以他们至死也不知道那里的海水是清甜可口的泉水，可以直接饮用。

类似的事情经常会发生，当我们对一件事情形成了自己的思维定式或是经验判断之后，它往往会支配我们的常态生活。《围炉夜话》指出：“为人循矩度，而不是精神，则登场之傀儡也；做事守章程，而不知权变，则依样之葫芦也。”因此，很多时候，面对问题时，不要一味地死守，我们需要暂时停下来想一想，是否还有其他的解决之道，又或者它就在触手可及的地方，我们只需转个身就能看到了。

澳大利亚的一个乡村下了一场非常大的雨，洪水开始淹没全村。一位非常虔诚的神父在教堂里祈祷，眼看洪水已经淹到他跪着的膝盖了。

这时，一个救生员驾着舢板船来到教堂，跟神父说：“神父，快！赶快上来！不然洪水会把你淹没的！”

神父说：“不！我要守着我的教堂，我深信上帝会救我的。上帝与我同在！”

过了不久，洪水已经淹过神父的胸口了，神父只好勉强站在祭坛上。

这时，又一个警察开着快艇过来，跟神父说：“神父，快上来！不然你真的会被洪水淹死的！”

神父说：“不！我要守着我的教堂，我相信上帝一定会来救我。你还是先去救别人好了！”

又过了一会儿，洪水已经把教堂整个淹没了，神父只好紧紧抓着教堂顶端的十字架。

一架直升机缓缓飞过来，丢下绳梯之后，飞行员大叫：“神父，快！快上来！这是最后的机会了，我们不想看到洪水把你淹死！”

神父还是意志坚定地说：“不！我要守着我的教堂！上帝会来救我的！你赶快先去救别人，上帝会与我同在的！”

神父刚说完，洪水滚滚而来，固执的神父终于被淹死了。

来到天堂之后，神父见到了上帝，怒气冲冲地问：“我是如此虔诚地相信您，相信您会一定会救我，结果你始终没有出现，我为此而送了命。”

上帝看了看他，摇着头说：“孩子，我知道你是虔诚的，所以我也像救其他人那样，想要救你。”

神父听来气不打一处来，气愤地说：“胡说，您从来都没有出现，何来救我之说啊？”

上帝无奈地说：“孩子，我不是派了救生员、警察和飞行员去救你了嘛，是你自己放弃了求生的机会呀！”

神父听完上帝的话，悔恨不已，却再也说不出什么了。

人生总免不了要遭遇这样或者那样的挫折，确切地说，我们几乎每天都在经受和体验各种挫折。面对挫折，我们往往会采取习惯性的措施和办法，或以紧急救火的方式扑救挫折，或以被动补漏的办法延缓挫折，或以收拾残局的方法扫除挫折，或以引以为戒的思维总结挫折……但这些毕竟只是在眼睁睁看着挫折发生而又无法抢救的情况下采取的无奈之举，完全无法改变困境无限扩大这一事实。

或许，这时我们需要静下心来，坦然面对，换一个角度去思考。如此一来，即使处在同一个位置，视野会开阔得多，也许就能找到走出困境的另一个出口，看到另一番全然不同的天地。更重要的是，往往另一个出口就在我们一转身便能看到的地方，只是长久以来，我们一直忽略了它的存在而已。

人生没有绝境只有绝望

托尔斯泰在他的散文名篇《我的忏悔》中讲了这样一个故事：

一个男人被一只老虎追赶而掉下悬崖，庆幸的是在跌落过程中他抓住了一棵生长在悬崖边的小灌木。此时，他发现头顶上，那只老虎正虎视眈眈，低头一看，悬崖底下还有一只老虎，更糟的是，还有两只老鼠正忙着啃咬悬着他生命的小灌木的根须。绝望中，他突然发现附近生长着一簇野草莓，伸手可及。于是，这人摘下草莓，塞进嘴里，自语道：“多甜啊！”

在漫长的人生旅途中，我们总会碰到暗无天日的境遇，当痛苦、不幸和危难向你逼近的时候，我们是否还能顾得上享受一下野草莓的滋味呢？其实，人生无绝境，只有绝望的人。在我们的周围，有很多人之所以没有成功，并不是因为他们缺少智慧，而是因为他们面对事情的艰难没有做下去的勇气，他们自认为已陷入绝境，只知道悲观失望。

其实，陷入绝望的境地往往是对今后的路没有信心，或者是对曾经得到而又失去的东西深感痛心，所以有人会因此而绝望。人们常说：“绝境逢生。”很多时候，有些事情看起来没有回旋的余地，但只要不放弃，就可能会出现转机。当我们的企业面临困境，甚至面临破产的时候，很多人开始痛心、绝望，其实，只要怀有希望，就可以东山再起，“留得青山在，不怕没柴烧”。任何时候，只要人在就有希望，遇到任何处境都不至于绝望，流过血，流过泪，付出了汗水，痛哭过后，擦干眼泪，一切都可以重新开始。

尼德罗太太曾这样描述过她的经历：

美国庆祝陆军在北非获胜的那一天，我接到国防部送来的一封电报，我的侄儿——我最爱的一个人——在战场上失踪了。过了不久，又来了一封电报，说他已经死了。

我悲伤得无以复加。在那件事发生以前，我一直觉得生命多么美好，我有一份自己喜欢的工作，并努力带大了这个侄儿。在我看来，他代表了年轻人美好的一切。我觉得我以前的努力，现在都有很好的收获……然而却收到了这些电报，我的整个世界都粉碎了，我觉得再也没有什么值得我活下去。我开始忽视自己的工作，忽视朋友，我抛开了一切，既冷淡又怨恨。为什么我最疼爱的侄儿会离我而去？为什么一个这么好的孩子——还没有真正开始他的生活——就死在战场上？我没有办法接受这个事实。我悲痛欲绝，决定放弃工作，离开我的家乡，把自己藏在眼泪和悔恨之中。

就在我清理桌子、准备辞职的时候，突然看到一封我已经忘了的信——从我这个已经死了的侄儿那里寄来的信。是几年前我母亲去世的时候，他给我写来的一封信。“当然我们都会想念她的，”那封信上说，“尤其是你。不过我知道你会撑过去的，以你个人对

人生的看法，就能让你撑得过去。我永远也不会忘记那些你教我的美丽的真理：不论活在哪里，不论我们分离得有多么远，我永远都会记得你教我要微笑，要像一个男子汉一样承受所发生的一切。”

我把那封信读了一遍又一遍，觉得他似乎就在我的身边，正在向我说话。他好像在对我说：“你为什么不照你教给我的办法去做呢？撑下去，不论发生什么事情，把你个人的悲伤藏在微笑底下，继续过下去。”

于是，我重新回去开始工作。我不再对人冷淡无礼。我一再对自己说：“事情到了这个地步，我没有能力去改变它，不过我能够像他所希望的那样继续活下去。”我把所有的思想和精力都用在工作上，我写信给前方的士兵——给别人的儿子们。晚上，我参加成人教育班——要找出新的兴趣，结交新的朋友。朋友们都不敢相信发生在我身上的种种变化。我不再为已经永远过去的那些事悲伤，我现在每天的生活都充满了快乐——就像我侄儿要我做到的那样。

人们在得不到一件东西时，往往容易接受现状，但在失去、尤其是失去自己最珍爱之人或心爱之物时，就很可能像尼德罗太太一样陷入绝望。其实，在现实社会中，从来就没有什么真正的绝境。一件事情真正没有希望的时候就是当你自己开始绝望的时候，所以，不论是遇到什么事情，不论事情在现在看来是如何糟糕，千万不要以为没有办法了，也不要因为这次真的失败了就认为自己无能。因为无论黑夜多么漫长，朝阳总会冉冉升起；无论风雪怎样肆虐，春风终会缓缓吹拂。当挫折接连不断，当失败如影随形，当命运之门一扇接一扇地关闭，永远也不要怀疑：总有一扇窗会为你打开。

沧海桑田，世事难料。我们不能控制机遇，却可以期待机遇的降临；我们无法预知未来，却可以梦想未来的美好；我们不知道自己的生命到底有多长，我们却可以用希望填充生命的每一分每一秒；我们左右不了变化无常的天气，却可以规划我们的梦之旅途。只要活着，就有希望，只要每天给自己一个希望，我们的人生就一定不会失色。只要心存希望，人生就永远没有绝境。

Part 3
接纳不完美的自己，活出真实的自我

想要梦想成真，首先要醒过来

追逐心中的阴影，而后力图将其抹掉

性格懦弱的人胆小怕事，遇事好退缩，容易屈从他人。甚至会发展成为逆来顺受，无反抗精神；进取心差，意志薄弱，害怕困难，在困难面前张皇失措；感情脆弱，经不起挫折和失败。我们每个人的性格中或多或少都有懦弱的成分存在。我们往往在困难和灾祸面前退缩，但能鼓起勇气坦然面对失败和挫折的就是勇敢与坚强的人，相反被失败击倒的就是懦弱的人。

历史没有给南唐留下一个英明的帝王，却给世人留下了一个至情至性的悲情词人。公元961年，25岁的李煜在金陵即位，就有许多的问题摆在面前，赵匡胤的大宋王朝在北方虎视眈眈，年轻的李煜以为，只要自己不对大宋有什么威胁，并且以臣子的地位年年向大宋进贡，也许赵匡胤就会大发慈悲，让自己偏安江南一隅，做个吟风弄月、自由自在的帝王。在多次的政治较量中，只会吟诗作赋的李煜哪是久经沙场的赵匡胤的对手，穷途末路之际就屡屡派人前去求和。李煜太天真了，他以为自己的懦弱能够打动宋太祖。赵匡胤说，天下一家，只能有一位天子，我的卧榻旁边，怎么能够容忍他人鼾睡？李煜懦弱的性格让他在政治上做了一个立国之君，而与此同时，他做帝王及亡国的经历又成为他凄美诗词的素材来源，也是他一生悲情的写照。

后来，李煜也认识到了自己的性格懦弱并写诗表示深刻追悔：“四十年来家国，三千里地山河。凤阁龙楼连霄汉，玉树琼枝做烟萝，几曾识干戈？一旦归为臣虏，沈腰潘鬓消磨。最是仓皇辞庙日，教坊犹奏别离歌，垂泪对宫娥。”

事实上，一个人如果患上了懦弱这种心理疾病，首先要做的，是不要由此而自怨自艾。即使明知这种懦弱是使自己在生活、工作中失败的“罪魁祸首”，也不要因此自卑。在驱除了自怨自艾这种不良心理之后，接下来你要做的，是找出生活、工作中能适合自己去进攻的突破口，要设法克服它，或者合理地利用它，使自己变成一个勇敢的人。

亨利是一个非常平凡的上班族，却在40岁那年做出了一个疯狂的举动，放弃他薪水优厚的办公室工作，并把身上仅有的三块多美元捐给街角的乞丐，只带了换洗的衣裤，他决定从自己的老家，阳光灿烂的加州出发，靠搭便车与陌生人的好心，穿越美国东西，到达东岸一处叫做“恐怖角”的地方。

他之所以做出这样仓促的决定，完全是因为自己精神即将崩溃，虽然他有好工作、温柔美丽的妻子、善良可敬的亲友，但他发现自己这辈子从来没有下过什么赌注，平顺的人生从没有高峰或谷底。

他觉得自己的前半生在懦弱中虚度了。

他选择北卡罗莱纳的恐怖角作为最终目的，借以象征他征服生命中所有恐惧的决心。

为了检讨自己的懦弱，他很诚实地为自己的“恐惧”开出一张清单：从小时候开始算起，他就怕保姆、怕邮差、怕鸟、怕猫、怕蛇、怕蝙蝠、怕黑暗、怕大海、怕飞、怕城市、怕荒野、怕热闹又怕孤独、怕失败又怕成功、怕精神崩溃……他无所不怕，唯一“英勇”的一次是他当众向妻子表白求婚。

这个懦弱的40岁男人上路前竟还接到母亲的纸条：“你一定会在路上被人杀掉。”但他成功了，4000多里路，78顿餐，仰赖82个陌生人的好心。

身无分文的他从没接受过别人的金钱上的帮助，在暴风骤雨中睡在潮湿的睡袋里，风餐露宿只是小事，他还曾经碰到精神病患者的骚扰，遇到几个怪异诡秘的家庭，甚至还会时不时觉得有人像杀人狂魔和银行抢劫犯。经历这无数的“恐惧”之后，他终于来到恐怖角，接到妻子寄给他的提款卡（他看见那个包裹时恨不得跳上柜台拥抱邮局职员）。他不是为了证明金钱无用，只是用这种正常人会觉得“无聊”的艰辛旅程来使自己面对所有恐惧。

恐怖角到了，但令人意外的是，但恐怖角并不恐怖，原来“恐怖角”这个名称，是由一位探险家取的，本来叫“CapeFaire”，被讹写为“CaePeFear”，只是一个失误。

亨利终于明白："这名字的不当，就像我自己的恐惧一样。我现在明白自己一直害怕做错事，我最大的耻辱不是恐惧死亡，而是恐惧生命。"

原本懦弱的亨利在意识到自己的问题后毅然地踏上了驱逐懦弱之旅。其实，懦弱本身并没有想象中的那么顽固，只要勇于正视它，就更容易找到解决之法。除了将其驱逐出自己的心里外，还可以对其特殊性加以利用。如果利用得当，懦弱也可能会成为助人成功的一个重要的因素。

著名作家卡夫卡最为突出的性格特征是懦弱，是一种男人身上少见的懦弱。但是基于此，他情感丰富，观察敏锐，感受细腻，是天生的文学艺术之才。卡夫卡的懦弱让他选择了逃遁，逃向他钟爱的文学。文学，不仅是卡夫卡心灵的家园，也是他生命中的唯一选择。文学是他的王国，在那里，人们处处可以看到卡夫卡的影子。只有文学，只有在文学的王国里，人们才能够看到卡夫卡有了勇气，摆脱了懦弱。是的，懦弱的卡夫卡选择了并不懦弱的事业，并且取得了并不懦弱的成就。

达成愿望，就要时时原谅自己的过错

泰戈尔在《飞鸟集》中写道："只管走过去，不要逗留着去采下花朵来保存，因为一路上，花朵会继续开放的。"人生一世，花开一季，谁都想让此生了无遗憾，谁都想让自己所做的每一件事都永远正确，但人不可能不做错事，不可能不走弯路。

一位农场主因为年迈，把他的农场交给一位外号叫"老错"的手下管理。

有位堆草垛高手是农场里的"老臣子"了，听说农场交给"老错"打理心里很不服气，因为他从来都没有把"老错"放在眼里过。他想，全农场哪个能够像我那样，一举挑杆子，草垛便像中了魔似的不偏不倚地落到了预想的位置上？回想"老错"刚进农场那会儿，连杆子都拿不稳，掉得满地都是草垛，有的甚至还砸在自己的头上，非常搞笑。等他学会了堆草垛，又去学割草，留下歪歪斜斜高高低低一片狼藉；别人睡觉了，他半夜里去了马房，观察一匹病马，说是要学学怎样给马治病。为了这些古怪的念头，“老错”出尽了洋相，不然怎么叫他“老错”呢？

农场主知道堆草高手的心思，为了使农场能更好地继续经营下去，邀请他到家里喝茶聊天。“你可爱的宝宝还好吗？平时都由他们的妈妈照顾吧？”

高手点点头，看得出来一提到孩子他的兴致就特别得高。

农场主又说：“如果孩子的妈妈有事离开，孩子又哭又闹怎么办呢？”

“当然得由我来管他们啦。孩子刚出生那阵子真是手忙脚乱，不过现在好多了。”堆草高手面带幸福地说。

农场主叹了一口气，说：“当父母可不易啊，随着孩子渐渐长大，你需要考虑的事情还有很多很多，不管你愿意不愿意，因为你是父亲。对我来说，这个农场也就是我的孩子，早年我也是什么都不懂，但我可以学，也经过了很多次的失败，就像‘老错’那样，经常遭到别人的嘲笑。”

话说到这里农场主就打住了，接着意味深长地看了看堆草高手。堆草高手马上领会了农场主的用意，神情中流露出了愧色。

成长的道路上，每个人都是在跌跌撞撞中走过来的，都曾因为没有经验、缺乏实践能力等原因而犯过不少的错。对于渴望成功的人来说，有了理想，有了追求，就一定会去行动。但是在未知的道路上，谁都不是神算手，可以预测前方会发生什么，所以偶尔的犯错是不可避免的。

很多人害怕犯错，所以不管做什么事情都畏头畏尾的。也有一些人，虽然没有回避错误的发生，可是在承担错误引发的后果时，如果再受到失败的打击或者别人的责难，就会陷入悲观的浪潮，觉得自己一点能力都没有，眼前的生活也看不到希望了。还有一些人喜欢抓住自己的错误不放：没能抓住发展的机遇，就一直怨恨自己不具慧眼；因为粗心而算错了数据，就一直抱怨自己没长大脑；做错事情伤害了别人，会为没有及时地道歉而自责很久……

做了错事、走了弯路并不可怕，而且犯错误是每个人都必然会经过的路，所以不要畏惧错误，只要我们积极面对，吸取教训，自

我反省，就会从中得到很多正常情况下无法得到的宝贵经验，以后的路也才会走得更好、更稳。

为采集过往的花朵而花费太多的时间和精力是不值得的，因为前面的道路还长，还有更多的花朵等待着我们去采集、去欣赏。同样地，抓住过去的错误不放，是最不明智之举，因为当我们谴责自己的时候，会有很多的时间从我们的身边溜走。与其如此，还不如放开怀抱，在吸取错误的经验后，丢掉错误的过往，重新出发，人生才能以更轻松的方式继续前行。

安妮·摩尔是斯图加特大学的学生。有一年暑假，她去兼职当导游，因为服务非常到位，几个芝加哥来的游客就邀请她去美国观光，旅行路线包括在前往芝加哥的途中，到华盛顿特区做一天的游览。

抵达华盛顿以后，安妮住进威乐饭店，第一次来到美国的她兴奋不已。可是当她准备就寝时，才发现由于自己粗心大意，放在口袋里的护照和钱不翼而飞了。这对她而言，无异晴天霹雳，于是立刻跑去找饭店经理。

“我们会尽量想办法。”经理说。

虽然经理这样保证，但安妮的零用钱连两块钱都不到。因为一时的粗心马虎，弄得自己孤零零一个人待在异国他乡，应该怎么办呢？安妮越想越生气，越想越懊恼，翻来覆去折腾了一夜。

第二天早上，护照和钱仍然没找到，已经懊悔了一夜的安妮突然对自己说：“不行，我不能再这样一直沉浸在悔恨当中了。我要好好看看华盛顿，说不定我以后没有机会再来，但是现在仍有宝贵的一天待在这个国家里。好在今天晚上还有机票到芝加哥去，一定有时间解决护照和钱的问题。我跟以前的我还是同一个人，那时我很快乐，现在也应该快乐呀。我不能因为自己犯了一点错误就在这里白白浪费时间，现在正是享受的好时候。”

于是她立刻动身，徒步参观了白宫和国会山，并且参观了几座大博物馆，还爬到华盛顿纪念馆的顶端。她去不成原先想去的阿灵顿和许多别的地方，但所有到过的地方，她都看得更仔细。

等回到德国以后，每次忆及这趟美国之旅，最令安妮怀念的，就是在华盛顿独自一人漫步的那一天。

如果安妮一直抓着自自己粗心的过失不放，那么这个最令她怀念的华盛顿之旅必然会白白地溜走，她也就错过一次最为难忘的经历。

人生的道路上，如果始终纠缠于过去的错误，恐怕我们一生就只能与悔恨为伴了。不妨放下过去的错误，向前看，相信前方一定有更美的风景。

忘掉痛苦的最好方法是接受它

痛苦，是一个人人敬畏的词语，是一种避之唯恐不及的“灾难”，每个人都希望自己的人生远离痛苦，充满幸福，但痛苦就像沙尘一般，总是会洒落在每个人的身上。尼采曾说：“极度的痛苦才是精神的最后解放者，唯有此种痛苦，才能强迫我们大彻大悟。”痛苦，是一块磨砺人心的试金石，它可以帮助人成长，也可以使人更深刻地领会幸福的甜蜜。正如柏杨先生所说：“幸福是人类追求的最后目的和至善总和，它赋给人类生命以真正的意义……我们只认为，幸福是心灵活动，由此活动而认识真理，快乐是获得心灵完美之后的一种必然反应。生命中遭遇到的一些可怖的风暴、挫折、磨难，只能使人不快乐，却没有力量使人不幸福，只看你怎么面对这些风暴、挫折和磨难。”

痛苦永远是过程，而苦痛之后则是淡然的甜意，这就是人生。正如歌词中唱到的那样：“不经历风雨，怎么见彩虹，没有人能随随便便成功”，“阳光总在风雨后，乌云上有晴空”。只有经历过重重磨难的人，才能明白人生的真谛，才能体味生活的意义。

道格拉斯在经历了一次可怕的意外事故后，他身上65%以上的皮肤都烧坏了，为此他动了16次手术。手术后，手指没有了，双腿那样细小，无法行动，只能瘫痪在轮椅上，脸因植皮而变成一块“彩色板”。他无法拿起叉子，无法拨电话，也无法一个人上厕所。但以前曾是海军陆战队员的他不认为自己被打败了，他说：“我完全可以掌握我自己的人生之船，我可以选择把目前的状况看成倒退或是一个新起点。”六个月之后，他又能开飞机了！

道格拉斯为自己在科罗拉多州买了一幢维多利亚式的房子，另外也买了房地产、一架飞机及一家酒吧。后来他和两个朋友合资开

了一家公司，专门生产以木材为燃料的炉子，这家公司后来变成佛蒙特州第二大私人公司。

意外发生四年后，道格拉斯所开的飞机在起飞时又摔回跑道，把他的十二块脊椎骨压得粉碎，腰部以下永久性瘫痪！“我不解的是为何这些事老是发生在我身上，我到底是造了什么孽，要遭到这样的报应？”

但道格拉斯仍不屈不挠，日夜努力使自己能达到最大限度的独立自主。他被选为科罗拉多州孤峰顶镇的镇长，负责保护小镇的环境，使之不因矿产的开采而遭受破坏。道格拉斯后来也竞选国会议员，他用一句“不只是另一张小白脸”的口号，将自己难看的脸转化成一项有利的资产。

道格拉斯说：“我瘫痪之前可以做1万件事，现在我只能做9000件，我可以把注意力放在我无法再做好的1000件事上，或是把目光放在我还能做的9000件事上。告诉大家，我的人生曾遭受过两次重大的挫折，如果我能选择不把挫折拿来当成放弃努力的借口，那么，或许你们可以用一个新的角度来看待一些一直使你们裹足不前的经历。你可以退一步，想开一点，然后你就有机会说，‘或许那也没什么大不了的！’所以，你得明白，不管那些挫折有多严重，对于整个生命来说，也只是一个过程，生活还会继续的。”

罗曼·罗兰说：“痛苦是一把犁，它一面犁破了你的心，一面掘开了生命的新起源。”它会让我们的心灵经历尘世的洗礼，但却无法让我们的人生从此停顿。但能让我们跨过痛苦的的，只有我们自己，只有自己正视它、接受它，才能使其成为生活中的一段过去，想起来才不会再痛。这个过程中，别人始终无能为力。

卡夫卡写过一个寓言：

一只兀鹰猛烈地啄着村夫的双脚。将他的靴子和袜子撕成碎片后，便狠狠地啃起村夫的双脚来了。正好这时有位绅士经过，看见村夫如此鲜血淋漓地忍受痛苦，不禁驻足问他，为什么要受兀鹰啄食呢？村夫答道：“我没有办法啊。这只兀鹰开始袭击我的时候，我曾经试图赶它，但是它太顽强了，几乎抓伤我的脸颊，因此我宁愿牺牲双脚。我的脚差不多被撕成碎片了，真可怕。”

绅士说：“你只要一枪就可以结束它的生命呀。”村夫听了，尖声嚷道：“真的吗？那么你助我一臂之力好吗？”

绅士答道：“我很乐意，可我得去拿枪，你还能支持一会吗？”

在剧痛中呻吟的村夫，强忍着撕碎的痛苦说：“无论如何，我会忍下去的。”

于是绅士飞快地跑去拿枪。但是就在绅士转身的瞬间，兀鹰蓦然拔身冲起，在空中把身子向后拉的远远的，以便获得更大的冲力，如同一根标枪般，把它的尖喙刺向村夫的喉头，深深插入。村夫终于等不及扑地而死了。死前稍感安慰的是，兀鹰也因太过用力，淹死在村夫的血泊里。

要想避免像村夫般痛苦吞噬的悲惨下场，就必须在痛苦出现时，及时正视并想办法解决它，而不能将希望寄托在别人的身上。其实，只要愿意，你是最有资格也最有能力“枪毙”自己痛苦的人。

你不可能让所有人满意

别太在意别人的眼光，那会抹煞你的光彩

著名心理学家威廉·詹姆斯认为：“跟我们应该做到的相比较，我们等于只做了一半。我们对于身心两方面的能力，只用了很小一部分，一般人大约只发展了10%的潜在能力。一个人等于只活在他体内有限空间中的一部分。他具有各种能力，却不知道怎样利用。”然而，在这被发掘出的不多的潜能中，又有一部分因为我们习惯于遵循别人的思维方式而迷失了自己，使其得不到最大程度的利用。

因此，我们应该看到自己的优点，并坚持自己的内心选择，凡事要有自己的主见，要学会自己拿主意，坚定自己的立场，相信自己的力量，不要因为他人的评价而放弃自己内心的想法，不做别人毁誉的“奴隶”。

意大利著名女影星索菲亚·罗兰就是一个能够坚持自己的想

法的人，在她的自传《爱情与生活》中，她这样写道：“自我开始从影起，我就出于自然的本能，知道什么样的化妆、发型、衣服和保健最适合我。我谁也不模仿，我从不去奴隶似的跟着时尚走。我只要求看上去就像我自己，非我莫属……衣服的原理亦然，我不认为你选这个式样，只是因为伊夫·圣罗郎或第奥尔告诉你，该选这个式样。如果它合身，那很好。但如果还有疑问，那还是尊重你自己的鉴别力，拒绝它为好……衣服方面的高级趣味反映了一个人的健全的自我洞察力，以及从新式样选出最符合个人特点的式样的能力……你唯一能依靠的真正实在的东西……就是你和你周围环境之间的关系，你对自己的估计，以及你愿意成为哪一类人的估计。”

只有像索菲娅·罗兰一样，听从心的召唤，而不是别人的评论，才能将自己最光彩照人的一面展现在世人面前，才能让幸福按照自己的意图诠释和延伸。要做到这一点，我们首先必须要做的自尊，相信自己，热爱自己。

晨光电子是×市最大的一家合资电子企业，第一次上门推销的赵丽对这样的企业有些敬畏。犹豫很久之后她还是进去了，整个楼层只有外方经理在。

“你找谁？”他的声音很冷漠。

“我是保险公司的业务员，这是我的名片。”赵丽双手递上名片。在学校和老外没少打交道，可眼前这老外是个年轻的老板，感觉就有些异样。

“推销保险？今天你已经是第三个了，谢谢你，或许我会考虑，但现在我很忙。”老外的发音直直的，听不出感情色彩。

赵丽本来也没报多大的希望，所以毫不犹豫地说了声“sorry”就离开了。但在无意间，赵丽回了一下头，看见自己的名片被那个老外一撕就扔进了废纸篓里，她感到非常气愤。于是转身回去，对那个老外说：“先生，对不起，如果你不打算现在考虑买保险的话，请问我可不可以要回我的名片？”

老外的眼中闪过一丝惊奇，旋即平静了，耸耸肩问她：“为什么呢？”

“没有特别的原因，上面印有我的名字和职业，我想要回来。”

“对不起，小姐，你的名片让我不小心洒上墨水了，不适合还给你了。”

“如果真的洒上墨水，也请你还给我好吗？”赵丽看了一眼废纸篓。

片刻，他仿佛有了好主意：“请问你们印一张名片的费用是多少？”

“五毛，问这个干什么？”赵丽有些奇怪。

老外拿出钱夹，在里面找了片刻，抽出一张一元钱说：“小姐，真的很对不起，我没有五毛零钱，这是我赔偿你名片的，可以吗？”

赵丽想夺过那一块钱，撕个稀烂，告诉他尽管她们是做保险推销的，可也是有人格的。但是她忍住了。她礼貌地接过一元钱，然后又从包里抽出一张名片，递给老外说：“先生，很对不起，我也没有五毛的零钱，这张名片算我找给你的钱，请您看清我的职业和我的名字。这不是一个适合进废纸篓的职业，也不是一个应该进废纸篓的名字。”说完赵丽头也不回地走了。

没想到第二天，赵丽就接到了那个外方经理的电话，说他打算从她这里为全体职工购买保险。

伟大的思想巨匠卢梭，在他的一篇著名演讲词中，曾声色高昂地说：“自尊是一件宝贵的工具，是驱动一个人不断向上发展的原动力。它将全然地激励一个人体面地去追求赞美、声誉，创造成就，把他带向他人生的最高点。”

自尊是对自己的一种敬意，它教会了一个人要有尊严，要爱自己的肉体和灵魂，要肯定自己，要将自立放在重要位置，而不是依靠他人，接受他人的施舍。自尊的人非常尊重自己，自己监视自己。一个人一旦失去自尊，他便不能自爱，便极易被他人的言论与评价所左右。如此一来，他们就会失去健康、独立的人格，成为一个毫无亮点的平庸之辈。

其实，每个生命都不卑微，只要拥有自尊，就会相信自己也拥有与他们相同，甚至比他人更动人光彩，并能将其发挥出来，使自己成为平凡世界中的一道亮丽风景。

要学会为自己喝彩

有一天，一位禅师为了启发他的徒弟，给了他一块很大很美丽的石头，叫他去蔬菜市场试着卖掉它。但是师父说：“只是试着卖，但不要卖掉它。注意观察，多问一些人，然后告诉我它在蔬菜市场上能卖多少钱。”徒弟带着石头来到了菜市场，许多人看着石头想：它可作很好的小摆件，孩子们可以玩，或者可以把它当做称菜用的秤砣。于是有些人开始报价，想要用几个铜板买走这块石头。于是，徒弟回来告诉禅师：“它最多只能卖几个铜板。”

师父听了之后，笑着说：“现在你拿着它去黄金市场，但是不要卖掉它，问问那儿的人它值什么价。”从黄金市场回来后，徒弟高兴地说：“黄金市场的人太棒了，他们乐意出1000 块钱买这块石头呢。”

师父还是没表态，只是说：“现在你去珠宝市场那儿，低于50 万决不要卖掉。”徒弟听了觉得很不可思议，一块随便捡来的石头，能卖出蔬菜市场的价就已经足够了，怎么可能卖得到50万呢？但他还是听从禅师的吩咐，去了珠宝市场。到了那儿，他才发现一切都超出了他的想象，那些珠宝商竟然乐意出5 万块，但他不愿意卖，他们继续抬高价格——10万。徒弟谨记禅师的话，对珠宝商说：“我不打算这个价钱卖掉它。”他们说：“我们出20万、30万！”徒弟说：“这样的价钱我还是不能卖。”最后，竟真的有人愿意出50万，徒弟就把这块石头卖掉了。

徒弟疑惑地问师父：“同样是一块石头，为什么价钱会差那么多？”是你亲切地说：“生命的价值就像这块石头一样，在不同的环境下就会有不同的意义。一块不起眼的石头，由于你的惜售而提升了它的价值，被说成是稀世珍宝。你不就像这块石头一样吗？只要自己看重自己，懂得珍惜自己，生命就有意义，有价值。”

世界上每一个事物、每一个人都有其优势，都有其存在的价值，我们要有足够的自信肯定自己的价值。

很多时候，我们爱自己往往会被斥责为骄傲自满、自私狂妄、缺乏修养、心态异常……在这种思想意识的影响下，我们轻视自己、埋没自己、亏待自己、奴役自己、委屈自己、束缚自己、作践

自己、压抑自己，使心灵在的阴影里煎熬、挣扎。长此以往，我们逐渐失去了自己的自信心，就像失去了脊椎骨一样，很难独自坚挺地站立。这时，我们就要学会在小的事物中体会成功的愉悦，学会为自己鼓掌，找回失去已久的自信心，在自信中提升自我的价值。

黄柏婷，是一个从小就得了脑性麻痹的残疾者。脑性麻痹夺去了她肢体的平衡感，也夺走了她发声讲话的能力。从小她就活在诸多肢体不便及众多异样的眼光中，她的成长充满了血泪。

然而这些外在的痛苦并没有击败她内在奋斗的精神，她昂然面对，迎向一切不可能，终于获得了加州大学艺术博士学位。她用她的手当画笔，以色彩告诉人“寰宇之力与美”，并且灿烂地“活出生命的色彩”。

站在台上，她不时地挥舞着她的双手；仰着头，脖子伸得好长好长，与她尖尖的下巴扯成一条直线；她的嘴张着，眼睛眯成一条线，扭曲地看着台下的学生；偶尔她口中也会依依唔唔的，不知在说些什么。基本上她是一个不会说话的人，但是，她的听力很好，只要你猜中或说出她的意见，她就会乐得大叫一声，伸出右手，用两个指头指着你，或者拍着手，歪歪斜斜地向你走来，送给你一张用她的画制作的明信片。

“黄博士，”一个学生问她，“你从小就长成这个样子，请问你怎么看你自己？你都没有怨恨吗？”

“我怎么看自己？”柏婷用粉笔在黑板上重重地写下这几个字，字还很深很重，有力透纸背的气势。写完这个问题，她停下笔来，歪着头，回头看着发问的同学，然后嫣然一笑，回过头来，在黑板上龙飞凤舞地写了起来：

一、我好可爱！

二、我的腿很长很美！

三、爸爸妈妈这么爱我！

四、上帝这么爱我！

五、我会画画！我会写稿！

六、我有只可爱的猫！

七、……

所有听到她这么说的人都沉默了。面对众人的沉默，她在黑板上写下了她的结论：“我只看我所有的，不看我所没有的。”

生活中，自卑常常在不经意间闯进我们的内心世界，控制着我们的生活。在我们有所决定、有所取舍的时候，自卑向我们勒索着勇气与胆略；当我们碰到困难的时候，自卑会站在我们的背后大声地吓唬我们；当我们要大踏步向前迈进的时候，自卑会拉住我们的衣袖，告诉我们前面危机重重，而仅凭一己之力根本无法应对。自卑就像蛀虫一样啃噬着我们的人格，它是我们走向成功的绊脚石，它是快乐生活的拦路虎。可是，我们要学会送自己一枝鲜花，给自己撑一柄避雨的伞，给自己一个明媚的笑容，给自己一片鼓励的掌声；然后怀着美好的情感和吉祥的愿望活下去，坚韧地走过一个又一个阳光明媚的早晨。生活，就在这样的情景下，重新恢复了原本的快乐。

你很重要，所以你没有理由不爱自己

标准过高只会迷失自己

人们总是对人生抱有一种力求完美的心态，凡事都要全力以赴，事事都不能落后于人。可是人生根本没有什么所谓“十全十美”的事情，如果一味地以完美标准来要求自己，只会令自己陷入永远止境的困惑中，最终迷失了自己。

古时候，一户人家有两个儿子。两兄弟都成年以后，父亲把他们叫到面前说：在群山深处有绝世美玉，你们都成年了，应该做探险家，去寻求那绝世之宝，找不到就不要回来了。

两兄弟次日就离家出发去了山中。大哥是一个注重实际，脚踏实地的人。有时候，即使发现的是一块有残缺的玉，或者是一块成色一般的玉甚至那些奇异的石头，他都统统装进行囊。过了几年，到了他和弟弟约定的会合回家的时间，此时他的行囊已经满满的了，尽管没有父亲所说的绝世完美之玉，但造型各异、成色不等的众多玉石，在他看来也可以令父亲满意了。

后来弟弟来了，两手空空，一无所得。弟弟看看哥带来的那些玉石，说：“你这些东西都不过是一般的珍宝，不是父亲要我们找的绝世珍品，拿回去父亲也不会满意的。”弟弟说，“我不回去，父亲说过，找不到绝世珍宝就不能回家，我要继续去更远更险的山中探寻，我一定要找到绝世美玉。”

哥哥带着他的那些玉石回到了家中。父亲说：“你可以开一个玉石馆或一个奇石馆，那些玉石稍一加工，都是稀世之品，那些奇石也是一笔巨大的财富。”听了弟弟探宝的经历后，父亲说：“你弟弟不会回来了，他是一个不合格的探险家。他如果幸运，能中途醒悟，明白至美是不存在的这个道理，是他的福气。如果他不能早悟，便只能以付出一生为代价了。”

果然，短短几年之后，哥哥的玉石馆已经享誉八方。他寻找的玉石中，有一块经过加工成为不可多得的美玉，被国王御用作了传国玉玺，哥哥因此也成了倾城之富。而弟弟却一直都没有回来。

很多年以后，父亲的生命已经快要走到尽头了。哥哥说要派人去寻找弟弟，父亲说：“不要去找了，如果经过了这么长的时间和挫折他都不能顿悟，这样的人即便回来又能做成什么事情呢？世间没有纯美的玉，没有完善的人，没有绝对的事物，为追求这种东西而耗费生命的人，何其愚蠢啊！”

追求完美有时是一种动力，它可以促使我们朝最好的方面发展，但是绝对完美的事物根本就不存在，如果像弟弟一样以寻找完美作为自己的目标，那么无论遇到多么好的玉石，都只能看到上面存在的缺陷，永远也无法实现自己的理想。

完美主义者表面上很自负，内心深处其实很自卑，因为他们很少看到自己的优点，总是关注缺点。他们越是追求完美，就越容易在这一过程中加深自己的自卑，导致心理失衡和产生消极的情绪。相反，如果能坦然地接受不完美，才有可能创造完美的人生。

有一个电车车长的女儿，她自小的梦想是成为一位歌唱家，可是她长得并不好看。她的嘴很大，牙齿很暴露，每一次公开演唱的时候——在新泽西州的一家夜总会里——她都想把上嘴唇拉下来盖住她的牙齿。她想要表演得“很美”，结果呢？她使自己大出洋相，总也逃脱不了失败的命运。

可是，在那家夜总会里听这个女孩子唱歌的一个人，认为她很有天分。“我跟你说，”他很直率地说，“我一直在看你的表演，我知道你想掩藏的是什么，你觉得你的牙长得很难看。”这个女孩子非常窘，可是那个男的继续说道：“这是怎么回事？难道说长了龅牙就罪大恶极吗？不要去遮掩，张开你的嘴，观众欣赏的是你的歌声。再说，那些你想遮起来的牙齿，说不定还会带给你好运呢。”

她接受了他的忠告，没有再去注意牙齿。从那时候开始，她只想到她的观众，她张大了嘴巴，热情而高兴地唱着，后来，她成为电影界和广播界的一流红星，她就是大名鼎鼎的凯丝·达莉。

其实，世界上的任何事情都不可能完美，也不必完美。在这个不完美的世界中，人生是不可能没有遗憾的，追求绝对完美是一种徒劳，一种错误。人生之所以美丽，就是因为我们把无数个遗憾搓成了一颗颗小珍珠，串成一条项链，世界才在我们眼里变得完美起来。

我们每个人都是一个不完整的圆，没有一个人是完美无瑕的，难道有缺点和不足就注定要悲哀，要默默无闻，无法成就大事吗？其实缺憾也是一种美，如同断臂的维纳斯。只要能像凯丝·达莉那样，把“缺陷、不足”这块堵在心口上的石头放下来，别过分地去关注它，它也就不会成为你的障碍。相反，还有可能帮助你重新发现这个世界中，除了不完美之外的其他美景。

相信自己才能成功

日本著名指挥家小泽征尔成名之前，在一次世界优秀指挥家大赛上，他发现了不和谐的声音，觉得乐谱有错。这时，评委们却坚持说乐谱没有问题。面对这些权威人士，小泽征尔斩钉截铁地说：“不！一定是乐谱错了！”话音刚落，评委们便报以热烈的掌声。原来，这正是比赛的一部分，小泽征尔的勇敢、自信征服了所有评委。

正是因为相信自己，他果断地跳过了“圈套”。这次的夺魁，也正如一盏明灯，照亮了他的前程！

所有的成功人士都有一个共同之处，就是相信自己。成功不一定站在智慧的一方，但一定会站在自信的一方。相信自己，就会拥有自己的成就与幸福。

一天，在西格诺·法列罗的府邸正要举行一个盛大的宴会，主人邀请了一大批客人，就在宴会开始的前夕，负责餐桌布置的点心制作人员派人来说，他设计用来摆放在桌子上的那件大型甜点饰品不小心被弄坏了，管家急得团团转。

这时，西格诺府邸厨房里干粗活的一个仆人走到管家的面前怯生生地说道："如果您能让我来试一试的话，我想我能造另外一件来顶替。"

"你？"管家惊讶地喊道，"你是什么人，竟敢说这样的大话？"

"我叫安东尼奥·卡诺瓦，是雕塑家皮萨诺的孙子。"这个脸色苍白的孩子回答道。

"小家伙，你真的能做吗？"管家将信将疑地问道。

"如果您允许我试一试的话，我可以造一件东西摆放在餐桌中央。"小孩子开始显得镇定一些。

仆人们这时都显得手足无措了，于是，管家就答应让安东尼奥去试试，他则在一旁紧紧地盯着这个孩子，注视着他的一举一动，看他到底怎么办。这个厨房的小帮工不慌不忙地要人端来了一些黄油。不一会儿工夫，不起眼的黄油在他的手中变成了一只蹲着的巨狮。管家喜出望外，惊讶地张大了嘴巴，连忙派人把这个黄油塑成的狮子摆到了桌子上。

晚宴开始了，客人们陆陆续续地被引到餐厅里来。这些客人当中，有威尼斯最著名的实业家，有高贵的王子，有傲慢的王公贵族们，还有眼光挑剔的专业艺术评论家。但当客人们一眼望见餐桌上卧着的黄油狮子时，都不禁交口称赞起来，纷纷认为这是一件天才的作品。

他们在狮子面前不忍离去，甚至忘了自己来此的真正目的是什么了。结果，这个宴会变成了对黄油狮子的鉴赏会。客人们在狮子面前情不自禁地细细欣赏着，不断地问西格诺·法列罗，究竟是哪一位伟大的雕塑家竟然肯将自己天才的技艺浪费在这样一种很快就会熔化的东西上。法列罗也愣住了，他立即喊管家过来问话，于是管家就把小安东尼奥带到了客人们的面前。

小安东尼奥虽然年纪轻，却凭着自己的自信与技艺，赢得了无数人称赞。可见，自信心对于一个人的成长有着相当重要的作用，它可以支持强者闯过难关，帮助弱者赢得成功。成功是不可能来自于一种失败的观念，就好像玫瑰是不可能生长在长满蓟草的土壤中一样。当一个人非常担心失败或贫困时，当他心中总是想着可能会失败或贫困时，他的潜意识里就会形成这种失败的印象，这将会使他自己处于越来越不利的地位。

无论是有意还是无意，我们都要发挥出对自己的信心。不要总是拿自己的短处去对比人家的长处，却忽视了自己也有人所不及的地方。所以我们无论身处何境，都应燃烧自信的火炬，始终相信自己是最优秀的，这样才能调动生命的潜能，去创造无限美好的生活。

爱默生说："如果说你真正建立了自信，那么你就已经迈进了成功的大门。"自信，是使人走向成功的第一秘诀。只有相信自己，才能激发进取的勇气，才能感受生活的快乐，才能最大限度地挖掘自身的潜力。只有真的相信自己，并且深信自己一定能实现梦想，你才有可能会成功。因为你相信"我能做到"时，自然就会想出"如何去做"的方法。

很多人都在平凡的角落里担当着平凡的角色，所以他们习惯了将自己隐匿，将自己孤立。有的时候别人会怀疑我们的价值，所谓三人成虎，久而久之，连我们都会对自己的重要性感到怀疑，接受了社会强加给我们的角色，变得自甘堕落起来。如果你任由这种事情发生在你身上，你将一辈子都无法抬起头来，沿着别人给你划定的圈子无奈地走下去。

其实，我们每个人都是人生的主角，无论你突出也好，平凡也罢，你都没办法做生活的看客。一个人最大的敌人是自己。外来的挑战虽然很残酷，但不管你能不能克服，总有过去的时候。现在对你造成威胁的事件，以后未必还会存在，唯有内心里那个自我永远不会消失。所以，相信自己吧，给自己一点信心，让自己像那个名叫安东尼奥·卡诺瓦的小孩一样，从蜷缩了许多的偏僻角落里走出来，迎接属于自己的灿烂千阳。

Part 4
拓宽心理容量，将别人的处境纳入思考范畴

打败可以赢对手，宽恕才能“赢得”对手

赢得对手，最好的心量是忘却

中国香港殿堂级摇滚乐队Beyond有一首经典歌曲《光辉岁月》，歌词是这样写的：钟声响起归家的讯号，在他生命里彷佛带点唏嘘；黑色肌肤给他的意义，是一生奉献肤色斗争中；年月把拥有变做失去，疲倦的双眼带着期望；今天只有残留的躯壳，迎接光辉岁月，风雨中抱紧自由；一生经过彷徨的挣扎，自信可改变未来，问谁又能做到；可否不分肤色的界限，愿这土地里不分你我高低；缤纷色彩闪出的美丽，是因它没有分开每种色彩。

这是一首向南非国父曼德拉致敬的歌曲，歌颂了曼德拉伟大而辉煌的一生。而在曼德拉的一生中，除了坚持不懈地为推翻南非白人种族主义统治而进行的斗争外，其最令人折服的还包括他的宽容。

在经历了27年的牢狱之苦后，重获自由并当选为总统的曼德拉，一上台便致力于消除不同种族间的社会差异。为此，他做出了在世人看来有些不可理喻的行为：对于那些曾经将他囚禁的27年人，他不仅没有丝毫的怨怼之情，还与他们主动交谈，甚至还努力化解双方之间的尴尬，使一切变得自然和谐。

电影《成事在人》中，橄榄球队长皮尔纳对此十分不解，尤其是在参观了曾经囚禁了曼德拉27年的牢房之后，更为疑惑了。他不知道，为什么在狱中度过了如此艰苦的27年之后，曼德拉能对他的政敌没有任何的怨恨。

这就是曼德拉的魅力和智慧所在，因为他清楚地知道，想要赢得对手，最好的心量是忘却。忘却他们曾经对自己的恶言相向，忘却他们曾经对自己的不屑一顾，忘却他们曾经对自己的过激行为……

一位住在瑞典的艾昔苏那，名叫乔治·罗纳的人在维也纳当了很多年律师，但是在第二次世界大战期间，他逃到瑞典，一文不名，很需要找份工作。因为他能说并能写好几国的语言，所以希望能够在

一家进出口公司里，找到一份秘书工作。

绝大多数的公司都回信告诉他，因为正在打仗，他们不需要这一类的人，不过他们会把他的名字存在档案里，等等。不过有一封写给乔治·罗纳的信上说：“你对我生意的了解完全错误。你既错又笨，我根本不需要任何替我写信的秘书。即使我需要，也不会请你，因为你甚至连瑞典文也写不好，信里全是错字。”

当乔治·罗纳看到这封信的时候，简直气得发疯。那个瑞典人写信来说，他写不好瑞典文是什么意思？那个瑞典人自己的信上就是错误百出。于是乔治·罗纳也写了一封信，目的要想狠狠地回击那个人，也使那个人大发脾气。但接着他停下来对自己说：“等一等。我怎么知道他说的这个是不是对的？我修过瑞典文，可是这并不是我家乡的语言，也许我确实犯了很多我并不知道的错误。如果是那样的话，那么我想要得到一份工作，就必须再努力地学习。这个人可能帮我一个大忙，虽然他本意并非如此。他用这么难听的话来表达他的意见，并不表示我就不亏欠他，所以应该写封信给他，在信上感谢他一番。”

于是乔治·罗纳撕掉了刚刚写好的反击的信，另外写了一封信说：“你这样不怕麻烦地写信给我实在是太好了，尤其是你并不需要一个替你写信的秘书。对于我把贵公司的业务弄错的事我觉得非常抱歉，我之所以写信给你，是因为我向别人打听，而别人把你介绍给我，说你是这一行的领导人物。我并不知道我的信上有很多文法上的错误，我觉得很惭愧，也很难过。我现在打算更努力地去学习瑞典文，以改正我的错误，谢谢你帮助我走上改进之路。”

不到几天，乔治·罗纳就收到那个人的信，请罗纳去看他。罗纳去了，而且得到一份工作。

生活之中需要的只是一颗宽容的心。宽容地对待你的敌人、仇家、对手，在非原则的问题上，以大局为重，你会得到退一步海阔天空的喜悦，化干戈为玉帛的喜悦，人与人之间相互理解的喜悦。

相反，如果一直背负着仇恨，其中的痛苦将不堪设想。可是，有些人坚持“有仇不报非君子”，自己被仇恨淹没尚且不算，还要将上一辈的仇恨留给后人，希望代代相传，将对方置于万劫不复之中。这样做，虽然自己的情感上得到了寄托，但是将仇恨的种子延

续下去，就会加重后辈的负担，甚至剥夺了原本属于他们的快乐。

印度大文豪泰戈尔一篇名为《画家的报复》讲述了这样一个故事：

一位画家在集市上卖画。不远处，前呼后拥地走来一位大臣的孩子，这位大臣在年轻时曾经把画家的父亲欺诈得心碎地死去。

这孩子在画家的作品前面流连忘返，并且选中了一幅，画家却匆忙地用一块布把它遮盖住，并声称这幅画不卖。

从此以后，这孩子因为心病而变得憔悴；最后，他父亲出面了，并且愿意付出一笔高价。可是，画家宁愿把这幅画挂在他画室的墙上，也不愿意出售；他阴沉着脸坐在画前，自言自语地说："这就是我的报复。"

每天早晨，画家画一幅他信奉的神像，这是他表现信仰的唯一方式。

可是现在，他觉得这些神像与他以前画的神像日渐相异。

这使他苦恼不已，他徒然地寻找着原因。然而有一天，他惊恐地丢下手中的画，跳了起来，他刚画好的神像的眼睛，竟然是那大臣的眼睛，而嘴唇也是那么地酷似。

他把画撕碎，并且高喊："我的报复已经回报到我的头上来了！"

现实生活中，人与人之间的矛盾、摩擦是不可避免的，但你大可不必将它们看得如此严重，动辄便上升到仇恨的地步。有人曾经这样说过，消灭敌人最好的办法是把他们变成自己的朋友。世上有无数的人在等待别人的宽容，宽容的受益人不只是被宽容者，宽容别人就是解放自己。

豁达地对待别人的谎言

李建经人介绍认识了百合，两人一见钟情，不久就坠入了爱河。谁知百合得陇望蜀，不久又结识一位花花公子。由于对方甜言蜜语很会讨好女人，再加上家境超过李建，于是，洁便向李建提出分手。李建此时正沉醉在爱情的甜蜜与幸福之中，听到这一消息后顿时如雷轰顶，一下子陷入失恋痛苦之中。他异常苦闷，彻夜失

眠。但李建是个理智的人，他很快就从痛苦中走了出来，把全部精力倾注在事业上。工夫不负苦心人，李建不久即小有成就。

正在此时，百合突然又找到李建，痛哭流涕地要求恢复关系。原来，在她与那位花花公子相处了一段时间后，很快发现此人品行不端，于是果断地与他断绝了来往。想起过去与李建相处的那些幸福时光，百合追悔莫及。经再三考虑之后，百合决定向李建说明一切，并恳求李建原谅她。

李建颇感犹豫，当时他身边不少朋友劝他不要和百合这种女孩子再交往。有的甚至说：好马不吃回头草！三条腿的蛤蟆不好找，两条腿的活人有的是，天下有的是靓女子，天涯何处无芳草，大丈夫又何患无妻呢？可是李建是位重感情的人，他想起过去自己与百合相处的那段日子，百合身上的诸多优点是自己所赞赏的，尤其是百合在自己面前流下的悔过眼泪表明她认识到了自己所犯的错误。这种时候，她是多么渴望别人的理解和原谅啊！

这样想过之后，李建原谅了百合，重新接纳了她，两人很快便结婚了。事实证明，百合果然是一位贤内助，聪明贤惠，令李建周围的朋友羡慕不已。

多年后，李建谈起这段往事时不无感慨地说：“人，在自己的人生长河中，有时会误入泥沼，甚至出现不可饶恕的行为，但只要他的本质未变，作为一个有血性的人，就应该接纳他、宽容他！”

当别人不小心犯了错误，在他的内心深处总是渴望得到别人的宽容。因为宽容能使对方的心理得到安慰，不会再为一些错事整天坐立不安，心情会一天一天地好起来。一个善于做人的人，总是会宽恕别人，以此来改变自己和别人的敌对状态。即使对方所犯的错是人人厌恶的谎言。

在二战期间，一支部队在森林中与敌军相遇，发生激战。最后两名来自同一个小镇的战士与部队失去了联系。两人在森林中艰难跋涉，互相鼓励、安慰。半个月过去了，他们仍未与部队联系上，幸运的是，他们打死了一只鹿，依靠鹿肉又可以艰难度过几日了。然而，这以后他们再也没看到任何动物。仅剩下的一些鹿肉，背在年轻战士的身上。

这一天他们在森林中遇到了敌人，经过再一次激战，两人巧妙地避开了敌人。就在他们自以为已安全时，只听到一声枪响，走在前面的年轻战士中了一枪，幸亏在肩膀上。后面的战友惶恐地跑了过来，他害怕得语无伦次，抱起战友的身体泪流不止，赶忙把自己的衬衣撕下包扎战友的伤口。

到了晚上，未受伤的战士一直念叨着母亲，两眼直勾勾地。两人都以为他们的生命即将结束，身边的鹿肉谁也没动。天亮后，部队救出了他们。

30年过去了，那位受伤的战士说："我知道谁开的那一枪，他就是我的战友。他去年去世了。在他抱住我时，我碰到了他发热的枪管，但当晚我就宽恕了他。我知道他想独吞我身上带的鹿肉活下来，但我也知道他活下来是为了他的母亲。30年了，我装着根本不知道此事，也从不提及。战争太残酷了，他母亲还是没有等到他回来，我和他一起祭奠了老人家。他跪下来，请求我原谅他，我没让他说下去。我们又做了二十几年的朋友，我没有理由不宽恕他。"

德国诗人海涅有一句名言："生命不可能从谎言中开出灿烂的鲜花。"从心底最深处的索求来说，谎言是人人憎恶的。但真实的人生，却将人们一步步地逼进了谎言的深渊。大家都学着说假话、套话，没有人从心底里相信它们，却又不得不用它们来相互敷衍。自己说得累，别人听得也累，却又无可奈何。

人们渴望真话，却又担心因此而遭受折磨，因而，说真话成了这个世上最需要勇气的一件事情。有些时候，人们或是为了自己说谎，又或是为了不伤害对方而说谎，无论哪一种，说谎者都希望能得到原谅。

富勒说："不肯宽恕的人是最坏的人。"生活中，谅解可以产生奇迹，谅解可以挽回感情上的损失，谅解犹如一个火把能照亮由焦躁、怨恨、复仇心理铺就的道路。对待曾经以谎言欺骗自己的人，不要再耿耿于怀了，圆融些、豁达些原谅它，我们才能透过乌云看到明媚的阳光。

当然，宽容绝不是无原则的宽大无边，而是建立在自信、助人和有益于社会基础上的适度宽大，必须遵循法制和道德规范。"大事讲原则，小事讲风格”是应取的态度。

不要在别人身上吹毛求疵

命运对谁都是公平的，它赐给了一个人才华，就不再赐给他容貌，可是其貌不扬又如何呢？也许一个人并不富有，但健康的体魄支持着他去奋力拼搏，开创一番事业。所以，完美，这个人类从古至今都追求的目标，也是人类最大的悲哀。完美主义者往往既是自我嫌弃的高手，也是挑剔别人的专家。当不能达到理想中的完美高度时，他们很容易自暴自弃，作茧自缚；当别人没有理想中那样完美时，他们便心怀不满，怨恨不已。

有些人用完美主义来禁锢自己，穷其一生都在寻找一位最完美的伴侣，寻找一份完美的工作，寻找一种完美的生活，一头栽在一个过于高远的目标里，每天受着辛苦和疲惫的折磨。他们希望获得他人的掌声和赞美，博得别人的羡慕，为此，便将自己推向完美的边界，做什么事都要尽善尽美。久而久之，生活便成了负担，日子就在这种永远止境的寻找中如白驹过隙般流走了。

有些人则用完美主义来苛求他人，在批评别人之时，往往只看见别人的过失，却看不见自己犯的错误，原因就是没有自知之明，犯了“严以责人，宽以待己”的通病。

李亮最大的嗜好就是和朋友在一起侃大山、喝酒、打麻将，样样是强项。下班后，他总是喜欢跑到单位的单身宿舍，与同事们搓上几圈或豪饮几盅。久而久之，已成婚的他竟成了单位里那些没家没业年轻光棍们的灵魂人物。喝酒少了他不热闹，打牌少了他没劲，牛皮少了他也吹不起来。而他又乐此不疲，很少回家，更别说陪陪妻子了。

刚结婚的妻子十分温顺和善解人意，并没因此发生过口角，而且妻子认为这样也好，有利于巩固李亮与同事间的关系。渐渐的，李亮越发不像话了，不但很少回家，即使回来也是像旅店里的客人一样，仅是借宿而已。

大年三十，妻子为了能让他在家里安静的过个年，很早就准备好了一桌丰盛的大餐，刚要上酒的时候，同事又来电话了，说他们几个快乐单身汉已弄好了一桌酒菜，但他不在，总觉得少了几点什么，希望他能体恤兄弟疾苦来一趟。在这样的时候，按理说李亮应该多替妻子考虑考虑，但他撂下电话，对妻子说声对不住就走了，弄得妻子一肚委屈。

百无聊赖的妻子喜欢上了跳舞，并一发不可收拾。据说她的舞伴是个温柔体贴的单身贵族，对她颇有好感，她却始终与其保持着最安全的距离。其实，妻子还是爱着李亮爱着这个家的，只不过妻子对他那种对家庭不负责任的做法感到不满，想给李亮一个警告。

一天，李亮刚刚从外面喝酒回来，妻子指责了他，并佯装提出离婚。此时，李亮若要好好地反思一下自己，然后道个歉也就过去了。但他不但没有道歉，反而用听到的风言风语来嘲笑妻子、指责妻子，还一口咬定妻子对他不忠。结果使本已对他不满的妻子大为恼火，结果二人真的离婚。

原本李亮与妻子的婚姻并不存在什么大问题，更不至于要闹到离婚的程度。但是，已经身为人夫的李亮，丝毫不在意妻子的感受，长期冷落妻子不说，还对于妻子正常的社交活动横加指责、吹毛求疵，以致最后弄得一发不可收拾。

詹姆士·哈维·罗宾森教授那本很有启示性的《下决心的过程》中，有这样一段话："我们有时会在毫无抗拒或热情淹没的情形下改变自己的想法，但是如果有人说我们错了，反而会使我们迁怒对方，更固执己见。我们会毫无根据地形成自己的想法，但如果有人不同意我们的想法时，反而会全心全意维护我们的想法。显然不是那些想法对我们珍贵，而是我们的自尊心受到了威胁……'我的'这个简单的词，是做人处世的关系中最重要的，妥善运用这两个字才是智慧之源。不论说'我的'晚餐，'我的'狗，'我的'房子，'我的'父亲，'我的，'国家或'我的'上帝，都具备相同的力量。我们不但不喜欢说我的表不准，或我的车太破旧，也讨厌别人纠正我们对火车的知识、水杨素的药效或亚述王沙冈一世生卒年月的错误……我们愿意继续相信以往惯于相信的事，而如果我们所相信的事遭到了怀疑，我们就会找尽借口为自己的信念辩护。结果呢，多数我们所谓的推理，变成找借口来继续相信我们早已相信的事物。"

其实，很多时候，我们只要放开对别人吹毛求疵的惯性，在面对争执的时候，就会自然而然地为对方找台阶下，关系也就会缓和很多。

对不同声音，要心生欢喜

空穴来风的嘲笑，不过给耳朵做深度按摩

在别人指责我们或者对我们进行攻击的时候，我们往往会方寸大乱、手足无措。其实，每个人都应知道：自己所做的任何一件事都不可能令所有的人都满意。所以，批评是在所难免的，甚至有些时候不只批评那么简单，还可能是嘲笑、讥讽。越是那些知名度高的人，越是容易遭到别人非议。

即使是对天王级巨星刘德华，人们的看法也褒贬不一。刘德华刚出道时，香港有家知名电台的老板听了他的歌后，当即表示，“这个人不懂唱歌，也没有歌唱的天分”，从此不再听他唱歌，并在很多场合坦言刘德华是歌坛“四大天王”里最差的一个。但是刘德华并没有因为别人的打击和嘲笑而气馁，从此，他每逢演唱会必定要给这个人送票，邀请他去听歌。十几年后，那个老板终于肯去听他的演唱会，并且为华仔的歌声所打动，不禁夸赞道：“原来是我错了，华仔真的很会唱歌。”

面对各种各样不同的声音，刘德华曾开怀地说：“世上当然会出现有人喜欢或不喜欢我的情况，好评语自然会吸引我多看，但对我不好的评语我也会清楚地看一次，这样可以完全了解网友是如何看待我的，让我可以加深了解自己，并且为我提供改进的空间。”

确实，批评通常也意味着进步的机会。在建设性的批评面前，反击、争辩或是无礼都无济于事，对这样的批评进行无关紧要的纠正，只会演化成严重的问题。要学会把批评当成宝，乐于接受建设性的批评并且遵照执行。但对于那些空穴来风的嘲笑，则无需太过在意，最好的方法是将其视为给耳朵做的一次深度按摩，听过之后一笑了之。

1975年5月，美国前任总统福特到奥地利访问，当飞机抵达萨尔茨堡，他走下舷梯时，他的皮鞋碰到一个隆起的地方，脚一滑就跌倒在跑道上。他跳了起来，没有受伤，但使他惊奇的是，记者们竟把他这次跌倒当成一项大新闻，大肆渲染起来。在同一天里，他又在丽希丹宫的被雨淋滑了的长梯上滑倒了两次，险些跌下来。

随即一个奇妙的传说散播开了：福特总统笨手笨脚，行动不灵敏。其实，在大学里时，福特是一名橄榄球运动员，体质非常好，所以他在62岁入主白宫时，他的体质仍然非常挺拔结实。当了总统以后，他仍继续滑雪、打高尔夫球和网球，而且擅长这几项运动。

但是，自萨尔茨堡以后，福特每次跌跤或者撞伤头部或者跌倒雪地上，记者们总是添油加醋地把消息向全世界报道。后来，竟然反过来，他不跌跤也变成新闻了。哥伦比亚广播公司曾这样报道说："我一直在等待着总统撞伤头部，或者扭伤胫骨，或者受点轻伤之类的来吸引读者。"记者们如此的渲染似乎想给人形成一种印象：福特总统是个行动笨拙的人。电视节目主持人还在电视中和福特总统开玩笑，喜剧演员切维·蔡斯甚至在"星期六现场直播"节目里模仿总统滑倒和跌跤的动作。

福特的新闻秘书朗·聂森对此提出抗议，他对记者们说："总统是健康而且优雅的，他可以说是我们能记得起的总统中身体最为健壮的一位。"

"我是一个活动家，"福特抗议道，"活动家比任何人都容易跌跤。"

他对别人的玩笑总是一笑了之。1976年3月，他还在华盛顿广播电视记者协会年会上和切维·蔡斯同台表演过。节目开始，蔡斯先出场。当乐队奏起"向总统致敬"的乐曲时，他"绊"了一脚，跌倒在歌舞厅的地板上，从一端滑到另一端，头部撞到讲台上。此时，每个到场的人都捧腹大笑，福特也跟着笑了。

当轮到福特出场时，蔡斯站了起来，佯装被餐桌布缠住了，弄得碟子和银餐具纷纷落地。蔡斯装出要把演讲稿放在乐队指挥台上，可一不留心，稿纸掉了，撒得满地都是。众人哄堂大笑，福特却满不在乎地说道："蔡斯先生，你是个非常、非常滑稽的演员。"

虽然我们不能阻止别人对我们做任何不公正的批评，我们却可以做一件更重要的事：决定是否要让我们自己受到那些不公正批评的干扰。

林肯正是因为学会了对那些谴责他的话置之不理，所以才能成为美国历史上著名的政治家，否则恐怕他早就承受不住内战的压力而崩溃了。他曾特地写下怎样处理别人批评自己的方法，已经成为一篇文学意义上的经典之作。这段话是这样的："假如我只是试着要去读——更不用说去回答所有对我的攻击，这店不如关了门，去做别的生意。我尽我所知的最好办法去做——也尽我所能去做，而我计划一直这样把事情做完。如果结果证明我是错的，那样即便花十倍的力来说我是对的，也没有什么用。"

面对嘲笑，最好的办法是一笑了之。

迁怒是不负责任者的选择

美国西点军校有一个久远的传统，遇到学长或军官问话，新生只能有四种回答：

"报告长官，是！"

"报告长官，不是！"

"报告长官，没有任何借口。"

"报告长官，不知道。"

除此之外，不能多说一个字。

"没有任何借口"是美国西点军校奉行的最重要的行为准则。它强调的是，要为成功找理由，不为失败找借口。

现实生活中，很多人如果做错了事，面对别人的质疑与指责，第一反应便是找借口，并且总能找到看似完美的借口。

还是回到西点军校。教官问："你认为你的皮鞋这样就算擦亮了吗？"你的第一反应肯定是为自己辩解："报告长官，刚才排队时有人不小心踩到了我。"上级军官派你去完成一项任务，而且规定必须在限定的时间内完成，结果任务未能如期完成，你的第一反应肯定是为自己辩解："报告长官，目的地距离学校的距离太远，根本不可能在限定的时间内完成。"

这些回答符合人的本能反应，但在西点军校却是不被允许的。面对教官的问询，你只能回答："报告长官，不是。"就算接下来教官问皮鞋为什么没有擦亮，你也只能回答："报告长官，没有任何借口。"当向军官回复时，因为未能完成任务，你只能回答："报告长官，不是。"因为军官根本不会听你长篇大论地解释。

在这种氛围地熏陶下，西点军校的每一位学生都会恪尽职守、竭尽全力地将所有事情做好，根本无暇为自己找借口。西点军校的这一行为准则，或许看来有些不近人情，但专门用来针对不负责任者的。责任感，即为自己行为的后果负责，为自己的承诺负责的一种踏踏实实的精神。它无处不在，拥有这种品质，是我们在社会上立足，获得成功最重要、最关键的人生妙牌。

有些人犯了错之后，总是习惯性地用借口来掩饰自己的缺点，逃避责任，更有甚者会直接迁怒于人，将责任完全推到他的身上，这都是典型的不负责任的表现。一个人做错了事，最明智的做法就是老老实实地认错，承担起自己应负的责任。

白洁和孙浩是同事，工作一直都很认真，也很努力。

一次，白洁和孙浩要把一件很贵重的古董送到码头，没想到送货车开到半路却坏了。因为公司有规定：如果不按规定时间送到，他们要被扣掉一部分奖金。于是，力气大的孙浩，背起古董，一路小跑，他们终于在规定的时间赶到了码头。这时，心存小算盘的白洁想，如果客户看到我背着货物，把这件事告诉老板，说不定会给我加薪呢，于是他对孙浩说："先把古董交给我，你去叫货主吧。"

当孙浩把货物递给他的时候，他一下没接住，古董掉在了地上摔成了碎片。他们都知道古董打碎了意味着什么，没了工作不说，可能还要背负沉重的债务。果然，老板对他俩进行了十分严厉的批评。

在他们等待处罚的过程中，白洁避开孙浩，一个人走到老板的办公室，对老板说："老板，不是我的错，是孙浩一个人不小心弄坏了。"

老板把孙浩叫到了办公室，孙浩把事情的原委告诉了老板。最后他说："这件事是我们的失职，我愿意承担责任。另外，白洁的家境不好，请求老板酌情考虑对他的惩罚。我会尽全力弥补我们所造成的损失。”

接下来的几天，他们就等待处理的结果。结果出来那天，老板把他们叫到了办公室，对他们说：“公司一直对你俩很器重，想从你们两个当中选择一个人担任客户部经理，没想到出了这样一件事，不过也好，这会让我们更清楚哪一个人是合适的人选。我们决定请孙浩担任公司的客户部经理。因为，一个勇于承担责任的人是值得信任的。白洁，从明天开始你就不用来上班了。”

“其实，古董的主人已经看见了你们俩在递接古董时的动作，他跟我说了他看见的事实。还有，我更看重的是问题出现后你们两个人的反应。”老板最后说。

白洁因为不愿承担责任，不仅丢掉了原本可能属于他的客户部经理，还丢掉了一份不错的工作。

责任意味着承担，意味着付出代价。当事情出现危机，而仍然不放弃责任的人，才是真正拥有责任感的人；当情况于己不利，自己有可能付出代价，而勇于为事情的结果付出代价，这样的人才是真正有责任感的人。

奥芝法则告诉我们一个真实的道理，那就是：在充满挫折的人生道路上，勇于负责，面对现实，凝聚力量，这样，我们的未来才会更加灿烂光明。一个人再有能力如果没有责任感的话也不会很认真的做好一件事情，因为这样的人很容易给自己找一个借口不去做一些事情，做事情的时候推三推四，有谁还敢于把重任交给他来做呢？所以，一个有责任的人能够胜任的事情不一定比他能力好的人就能胜任。

责任能够让一个人具有最佳的精神状态，积极投入生活，并将自己的潜能发挥到极致，生命往往更容易激发出绚丽的色彩。

为爱低头，给别人也给自己一片天地

微笑着面对有不是的父母

孔子说：“事父母几谏。见志不从，又敬不违，劳而不怨。”

意思是：见到父母有过失，要婉转地劝说。如果已经表达了自己的看法而又没有得到父母的采纳，还是要照样尊敬顺从，只是心里忧愁但并不埋怨。

人们常说，天下有不是的子女，无不是的父母，其实也不尽然。金无足赤，人无完人，圣贤亦会犯错，何况普通人？那么面对父母的错误，子女应该怎么做呢？柏杨先生曾说：“父母有错处的地方，也正是儿女显示是不是厚道，是不是恕道的时候。恕道是啥，恕道就是‘爱’和‘谅’。不但朋友夫妻要相爱相谅，父母子女也要相爱相谅，爱很简单，谅可是一种高贵的教养。只有爱，没有谅，埋着头苦苦苛求，纵是天伦骨肉，也要砸锅。儿女们要记住一点，老爹老娘再坏，却不希望儿女如法炮制，不希望儿女走上父母误走了的已无法自拔的覆辙。做儿女的要体谅，这正是对自己的爱心。”因此，在面对父母的过错时，也应存一颗宽容之心。

小淇跟母亲吵架了，她一气之下，冲出了家门，走进茫茫的夜色中。漫无目的地走了一段路后，她发现走得匆忙，竟然一分钱都没带，连打电话的钱都没有！

夜色渐深，小淇饥肠辘辘的感觉越来越强，忽然一个小小的馄饨摊映入眼帘，一位老婆婆在摊前忙碌着。馄饨的香气扑鼻而来，小淇咽了一下口水，又看了一眼锅中翻滚的馄饨，慢慢转身离去。老婆婆早已注意到徘徊不定的小淇，她热情地问道：“小姑娘，吃碗馄饨吧！”小淇转过身尴尬地摇摇头，说：“我忘记带钱了。”老婆婆笑了笑：“没关系，我请你吃！”

片刻之后，老婆婆端来一碗馄饨和一碟小菜。小淇吃了几口，忍不住掉下了眼泪。“小姑娘，怎么了？”老婆婆关切地询问。“哦，没事，我只是感激！”小淇拂去脸上的泪花，“您跟我互不认识，只不过偶然在路上看到我，就对我这么好，煮馄饨给我吃！但是……我妈，我跟她吵架了，她竟然把我赶出来，还说不让我再回去了……您是陌生人都对我这么好，我妈，竟然对我这么绝情！”

老婆婆听了，语重心长地劝她：“你怎么会这样想呢！我只不过煮了一碗馄饨给你吃，你就这么感激我，而你妈给你煮了十多年的馄饨，从小到大照顾你，你怎么不感激她呢？为什么还要跟她吵架呢？”小淇听了这话，默默无语。是啊！一个陌生人为我煮了一碗馄饨，我尚且如此感激，而母亲辛苦把我养大，我为什么心中没有感激之情？为什么还要与母亲争执呢？

小淇慢慢吃着馄饨，脑海中显现出许多儿时的画面。馄饨吃完，她谢别了老人，朝家走去。当走到自家胡同口时，小淇看到妈妈疲惫而又熟悉的身影正焦急地左右张望……看到小淇回来了，妈妈长舒了口气，说道：“小淇啊！你让妈急死了！赶紧回家吧！饭菜都凉了！妈以后不再跟你吵架了，好吧？”此时，小淇的泪珠再次滑落。

宽容，在每个人心中，都有各自的理解，都愿意修炼一个“能撑船”的“宰相肚”，做到宽以待人，同时也都希望别人能宽容自己的过错。但这些意愿更多的时候，都是针对那些社会交往中的人而言的，回过头看，却忽略了含辛茹苦养大我们的父母。

从另一个角度来看，能宽容地对待父母的过错，其实也是一种孝顺。孝顺，孝顺，顺从有时便是孝。当然，前提在于不违背“仁”与“礼”的标准，盲目地顺从有时也会让儿女的生活蒙上阴影，这也肯定不是父母所期望看到的。当儿女与父母发生冲突时，经常口不择言，其实，即便是父母的错，为人子女也只能在一定程度上同父母争辩，而不应与父母致气。

孔子认为，在这种情况下，身为子女首先是委婉地劝说，发现父母的缺点不劝说是不对的，但应注意劝说的态度要温和。即使是说服不了，那么照样要对他们恭敬行孝，任劳任怨。因为他们毕竟是自己的父母亲人，绝不能因为他们不明白道义而有过失就不行孝顺。

没有十全十美，只有全心全意

爱情使者丘比特曾问过爱神阿佛洛狄特：“LOVE（爱）的意义在哪里？”阿佛洛狄特说：“L代表Listen（倾听），爱就是要无条件无偏见地倾听对方的需求，并且予以协助；O代表Obligate（感恩），爱需要不断地感恩，付出更多的爱，灌溉爱的禾苗；V代表Valued（尊重），爱就是展现你的尊重，表达你的体贴，真诚地鼓

励，发自内心地赞美；E代表Excuse（宽恕），爱就是仁慈地对待，宽恕对方的缺点和错误，接受对方的全部。”

爱神的解答未尽完备，却道出了不少爱情的真谛，其中宽恕便是必不可少的一个要素。中国古人说得好：“水至清则无鱼，人至察则无徒。”一个求全责备、吹毛求疵的人连朋友都找不到，更何况是寻找一个与自己共度一生的人。在爱情的世界里，如果始终坚持“十全十美”的标准，必定无法找到相爱之人。

历史上伟大的思想家、哲学家柏拉图，问老师苏格拉底什么是爱情。苏格拉底并没有直接回答他，而是把他带到了一片麦田前，让他到麦田里去摘一棵全麦田里最大最金黄的麦穗来，只能摘一次，并且只可向前走，不能回头。

柏拉图于是按照老师说的走进了麦田，结果他两手空空地走了出来。苏格拉底问他为什么没有摘到麦穗，他说：“因为只能摘一次，又不能走回头路，期间即使见到最大最金黄的麦穗，也因为不知道前面是不是有更好的而都没有摘；走到麦田的尽头时，又发觉那里的麦穗总不及之前见到的那些好，原来最大最金黄的麦穗早就已经错过了；于是我什么一棵也没摘到。”

苏格拉底说：“这就是爱情。”

之后又有一天，柏拉图问老师苏格拉底什么是婚姻。苏格拉底这次将他带到一片树木前，让他到树木里去砍下一棵全树木里最大最茂盛、最适合放在家里作圣诞树的树，同样的只能砍一次，而且不能走回头路。

柏拉图按照老师的话去做了，这次他带回来的是一棵普普通通、不是很茂盛、也不算太差的树。苏格拉底问他：“怎么带回来了棵这么普通的树啊？”柏拉图说：“有了上一次的经验，这次我走了大半路程还两手空空时，觉得这棵树也不差，便把它砍了下来，免得最后又什么也带不出来。”

苏格拉底说：“这就是婚姻。”

每个人都希望找到最好的，而且往往心中早已对所谓的最好形成了一个属于自己具体标准，比如样貌要好、身材要好、能力要高、财富要多等。然后，人们习惯于“按图索骥”，凡是有一点不符合标准的，便迅速地将其Pass掉，毫不犹豫地直奔下一个。殊不知，就是在这一次次的否定中，错过了那个对自己而言最好的。

放下十全十美的标准，仔细留心身边的人，你会发现最适合自己的那个就是最好的。而想要让一段爱情长久地走下去，非常重要的一点就是——全心全意。爱情有时候很简单，它不需要什么甜言蜜语，海誓山盟，只要全心全意地付出，时时将对方放在首位，相信必然能收获甜蜜。

有这样一道心理测试题：“春天的鲜花，夏日的溪水，秋天的月儿，冬天的太阳。”从中选一种自己最喜欢的，看看自己是不是具有浪漫的气质。

一对恋人中的女孩选择了“秋天的月儿”。她的男友毫不犹豫地选择了“冬天的太阳”。

女孩眨眨眼说：“你一个冬天手都烫人，干吗选这个？”

男孩奇怪地看看女友，似乎觉得她应该知道原因，然后说：“你不是最怕冷吗？手老冻得肿肿的。”

后来，女孩义无反顾地嫁给了那个为她选择太阳的男人。

有一天，他们吵架了。走在路上，她回头看了看一直跟在自己身后、有点垂头丧气的他，鼻子禁不住发酸：当初我们是为了爱情才走到一起的呀，现在是怎么了？

她一路走着，不知不觉地走到了一个路口，马路上来来往往的车辆特别多。当她正想着如何从那些车辆的空隙中过去的时候，突然，她的手被一只大手握住了。她知道是他，因为那种感觉曾经是那么的熟悉。她没有挣脱，任由他牵着自己的手走着……一种幸福感觉在瞬间传遍了全身，她的眼圈红了：从这个平常的细节中，她知道了爱情原来还存在。

只要手中的这份感情还是你想要的，那就记得一定要真诚地付出，全心全意地去爱护身边的人，毕竟相爱不易。

有一种爱叫做放手

曾经有一段时间，一首名叫《有一种爱叫做放手》的歌曲传唱度极高，不仅因为其十分通俗的旋律，还因为其歌词唱出了很多

人的心酸与无奈：如果两个人的天堂，像是温馨的墙。囚禁你的梦想，幸福是否像是一扇铁窗。候鸟失去了南方。如果你对天空向往，渴望一双翅膀，放手让你飞翔，你的羽翼不该伴随玫瑰，听从凋谢的时光。浪漫如果变成了牵绊，我愿为你选择回到孤单。缠绵如果变成了锁链，抛开诺言。有一种爱叫做放手，为爱放弃天长地久……

车尔尼雪夫斯基说："爱一个人意味着什么呢？这意味着为他的幸福而高兴，为使他能够更幸福而去做需要做的一切，并从这当中得到快乐。"爱一个人，为了要让他幸福所能做得一切中，还包括放手。

人生在世，爱情全仗缘分，缘来缘去，不一定需要追究谁对谁错。爱情不是盛开在天堂里的花朵，在这个纷繁复杂的物质社会里，爱情也常常会受到各类"病毒"的侵袭，遭遇一些或大或小的冲突。当爱情的伊甸园危机四伏时，是坚守还是突围呢？突围后又是否能有个灿烂的未来呢？越来越多的人为此举棋不定，日夜嗟叹。

有时候爱也要学会放弃，在落泪以前转身离去，留下简单的背影；学会放弃，将昨天埋在心底，留下最美的回忆；学会放弃，让彼此都能有个更轻松的开始，遍体鳞伤的爱并不一定就刻骨铭心。

有这样一对性格不合的夫妇，丈夫8次提出离婚要求，而妻子就是死活不离。在法院判决中，女方总是胜诉，就这样一直拖了29年。29年的岁月过去了，这位妇女的青春年华在拖延不决中消失了，乌黑的头发已成白发，红润的脸颊变黄了，刻上了一道道岁月的伤痕，身体也被折磨得满身病痛。

由于妻子的坚持，婚姻仍然存在，然而爱情早已荡然无存。她失去了幸福的家庭，失去了自己的青春，失去了健康的身体，也失去了再婚的机会，孩子也没有因此追回父爱。

结果，法院还是判离了。离婚后不到两年，这位不幸的妇女就因病情加重而离开了人世。 这位妇女的一生都是悲惨和不幸的，然而她的不幸多是因为自己不肯学会放手，即便对方已经对她没有一点留恋，她还认为自己对他是有爱的，所以不会离婚。而这样，痛苦的却是两个人。

相爱的两个人，总是希望厮守，可是如果这两个人就好像是两只刺猬一样，只要拥抱在一起就会刺痛对方，莫不如就放开手，让对方远离。因为只有这样，你才能感受到为爱付出的可贵，也可以不用再忍受看着爱人因为自己而饱受的折磨。

每一份感情都很美，每一程相伴也都令人迷醉。是不能拥有的遗憾让我们更感眷恋；是夜半无眠的思念让我们更觉留恋。感情是一份没有答案的问卷，苦苦地追寻并不能让生活更圆满。也许一点遗憾，一丝伤感，会让这份答卷更隽永，也更久远。

其实喜欢一个人，并不一定要和他在一起，虽然有人常说“不在乎天长地久，只在乎曾经拥有”，但是并不是所有的人都会快乐。喜欢一个人，最重要的是让他快乐，因为他的喜怒哀乐都会牵动你的心绪。所以也有这样一句话“你快乐，所以我快乐。”

当爱情已经走到了尽头，无论你如何费尽心力去维持它，都于事无补。爱是一种自自然然的感觉，爱散了、淡了、完了，就随它去吧，何必“死缠烂打”“寻死觅活”呢？你不过失去了一个不爱你的人，他却失去一个真爱他的人，他就算是吃了这么大的亏都不要你，你再继续纠缠下去，你认为他还有“回心转意”的可能吗？算了吧，“天涯何处无芳草，何必单恋一棵花”，就算掉进了绝情谷，也不要委屈自己。

她是一个美丽、温柔的女孩，却曾为一个男人自杀。

他提出分手，她在电话里跟他吵架，要他回到她身边。

他说：“很多事是不能勉强的。”

于是，女孩愤然用两把刀割开了自己的动脉。

女孩没有死，他也没有回到她身边。

她说她不后悔，她说那个时候的她的确可以为他死，不过，现在她不会那么做了，不会为任何一个男人。

爱情演变至此，早已变了味。此时不肯放手一方，心中是否有爱已不得而知，但可以肯定的是，他之所以做出如此偏激的行动，大多是因为不甘心被对方抛弃而已。勉强的爱情不会幸福，为对方的离去而制造悲剧的人也并非缘于真爱。

谁说喜欢一个人就一定要和他在一起。真正的爱情是伟大的，它不是为了一己之私将对方占有，而是能够看到对方的幸福。如果对方的幸福是我们所给予不了的，那么就请潇洒地放手吧！一段情，能走到今天已经很不容易，何不在让它在结束的时候也如开始的时候那般美好。

Part 5
增强心理弹性指数，让压力落荒而逃

减法生活，化繁为简的释压准则

剔除生命中无用的东西

生活中，我们常常会看到，有一些人虽然也希望全力以赴的追求梦想，可是他们总是为身边的琐事所累：朋友失恋了需要安慰；小狗病了需要照顾；同学结婚了需要庆祝……每天都有很多事情发生，所以每天都没有办法将注意力集中。还有一些人，他们看见最近做销售的很赚钱，就想跑去做销售；看到做编辑的很吃香，就想提高自己的文学素养；看到做设计也不错，就开始幻想自己能不能也往那个方面发展一下……想要的太多的时候，就分不清哪些是最想要的，哪些并不是生活必须的。

李奇是一家保险公司的业务员，有一天，他和客户约好在一家茶楼里谈业务，他用尽浑身解数给这位客户介绍了业务内容，但是这位客户好像诚意不太大，心不在焉地喝可乐，好像根本就没有听进去。

李奇知道他是搞电脑硬件销售的，而李奇在大学学的就是电脑，他就转移话题大谈当今电脑硬件在市场上遇到的普遍问题。结果把对方的兴趣提了上来，最后两个人约定下个星期再见面，正式签单。

李奇非常兴奋，到了那天，早早地就准备好了一切相关的材料，然而这时他的手机响了，是他的主管说有个多年没有联系上的大学同学要来，让李奇帮忙去机场接一下机，而主管自己却没有时间。

李奇觉得这是主管交代的事，自己应该帮忙，再说时间还早，于是他就答应了。

由于堵车，等他从机场回来，客户早就走了，痛失了一单千辛万苦才谈下来的保单。

生活中有太多的事情纠缠着我们，像李奇这样因为一些鸡毛蒜皮的小事而误了大事的人，也不在少数。每个人的精力都是有限的，如果我们不懂得分辨，不懂得舍弃，那么最终我们不是被自己累死，就将是一事无成。所以，在必要的时候剔除生命中无用的东西，是十分重要的。

北京小张府饭店老板王勇在一次媒体采访时，以他的职业生涯证明了他的“放弃”与“再次起飞”的哲学正确性：

“我是1987年从大学毕业的，学的是外贸英语专业。我被分配到一家大型国有企业。那是一份很安逸、令很多人羡慕的工作。可是没多久，我就很苦恼。那是一成不变的日子。这样的日子让我感到很压抑，我不甘心自己的热情被一点点地吞噬。

“苦恼归苦恼，但是真要做出抉择还是要下很大决心的。因为生活在体制中，它会给人一种安全感，虽然这种安全感是要付出代价的。

“在犹豫不决中过了3年后，我终于下决心离开，因为如果再耗下去，我可能就会失去离开的决心和重新开始的信心。”

这在当时来讲，无疑是疯狂的表现，王勇的辞职无异于自己将自己打到了最底层：一个没有单位，没有固定工资，没有任何社会保障的境地。但他并不后悔，而是积极地寻找亲的工作。不久，他去了一家在北京的英国公司。上班的第一天，公司负责人将王勇喊到他的办公室，将两盒印有他名字的名片和一张飞机票交给他说：“公司派你去上海开辟市场，你明天就走。”

王勇一下就蒙了，没想到刚上班，就给了他这么一个艰巨的任务，而且公司头儿说：“你什么时候把上海市场打开了，什么时候回来。”这其实是给他下了军令状，他没有退路了。人就是这样，当知道自己没有退路，反而会激发出连自己都难以相信的能量。在上海的那两年，是很辛苦的两年。从上海回来后王勇又跳槽去了一家生产航空发动机的美国公司，做高级业务代表，公司办公地点在建国门外的赛特广场。

正是在经历了这一次又一次地舍弃与重新开始，王勇的人生越走越宽了。这个过程就像他自己所说的那样：“水往低处流是为了积水成渊。降落，是为了新的起飞，所以我喜欢一次次将自己打入谷底。”

生活中有太多的事情是我们的牵绊，自己已经拥有的、自己渴望得到的、别人拜托帮忙的……如果每一样东西我们都不愿意放弃，那么无疑我们就是在一直给自己累积负担，直到将自己彻底累垮。所以，要想让人生过得有意义、有价值，就必须学会在纷繁芜杂中剔除那些可以舍弃的东西，然后排除一切干扰，将主要精力放在自己认为是最重要的事情上。

17世纪的西班牙耶稣会教士巴尔塔沙·葛拉西安在他的名作《智慧书》中说："更坏的事情是只忙于一些鸡毛蒜皮的事，这比什么都不干还要糟糕。能够做到不忙琐碎之事，去忙那些与人生有重大关系的事情，将使你受益无穷。"

名利不过是生命的尘土

"有一故事曰：一天，皇帝老爷摆驾登天安门，望着下面芸芸众生，叹曰：'不知道他们忙些什么？'旁有一官曰：'为两个字忙，名利是也。'皇帝点头。此故事甚妙，不但该皇帝点头，恐怕无人不点头也。有些人不信人生目的竟是如此简单，硬要再发明些别的项目，那只有天晓得。深夜自思，恐怕连自己都不舒服。盖一个人一旦宣称，他既不为名，又为不利，该人如不是一个白痴，定然心怀大志。"柏杨先生在他的文章《忙些什么》中如是说。

确实，人活在世界上，无论贫穷富贵，穷达逆顺，都免不了与名利打交道。名利在前，人们的眼中便再也容不下其他的事物，即使前方是万丈深渊，也会不顾一切地继续向前。人们对于名利的追求是永无满足的，获得的越多，想要的便更多。如此地循环往复，人们深陷于名利场中而无法自拔。渐渐地，人们不知道自己该在什么时候停下来，它就像一头拉磨的驴一样，只顾一个劲儿地往前走，却始终也逃不出名利的"五指山"。

旷世巨作《飘》的作者玛格丽特·米切尔说过："直到你失去了名誉以后，你才会知道这玩意儿有多累赘，才会知道真正的自由是什么。"我们要想活得潇洒自在，要想过得幸福快乐，就必须做到：学会淡泊名利享受、割断权与利的联系，无官不去争，有官不去斗；位高不自傲，位低不自卑，欣然享受清心、自在的美好时光，这样就会感受到生活的快乐和惬意。

居里夫人因取得了巨大的科学成就而天下闻名，她一生获得各种奖金多次，各种奖章16枚，各种名誉头衔117个，但她对此都全不

在意。

有一天，她的一位女朋友来访，忽然发现她的小女儿正在玩一枚金质奖章，而那枚金质奖章正是大名鼎鼎的英国皇家学会刚刚颁给她的，她不禁大吃一惊，忙问：“居里夫人，能够得到一枚英国皇家学会的奖章，是极高的荣誉，你怎么能给孩子玩呢？”

居里夫人笑了笑说：“我是想让孩子从小就知道，荣誉就像玩具，只能玩玩而已，绝不能够永远守着它，否则将一事无成。”

1921年，居里夫人应邀访问美国，美国妇女为了表示崇拜之情，主动捐赠1克镭给她，要知道，1克镭的价值是在百万美元以上的。

这是她急需的。虽然她是镭的发明者（她放弃为此而申请专利），但她买不起昂贵的镭。在赠送仪式之前，当她看到《赠送证明书》上写着“赠给居里夫人”的字样时，她不高兴了。她声明说：“这个证书还需要修改。美国人民赠送给我的这1克镭永远属于科学，但是假如就这样规定，这1克镭就成了我的私人财产，这怎么行呢？”

主办者在惊愕之余，打心眼里佩服这位大科学家的高尚人品，马上请来一位律师，把证书修改后，居里夫人才在《赠送证明书》上签字。

世间有许多诱惑：桂冠、金钱，但那都是身外之物，是居里夫人口中的“玩具”而已。有句话说：“名利只是衣冠冢”，一切功名利禄都是过眼云烟，对利益过于急迫的追逐，往往会错过最有价值的东西。

佛家有这样一个故事：

游方和尚问曹山禅师：“人世间最珍贵的东西是什么？”

曹山禅师抬眼远眺，只见树的枝丫上悬挂着一团黑色的尸体，于是说道：“死猫的头最珍贵！”

和尚不解地问道：“为什么呢？为什么世人认为一钱不值的东西，禅师竟认为是人世间最珍贵的？”

曹山笑着说：“樗树根大枝弯，世人因为看它无用，它便得以生存；栎树虽然一表树才，但是做船船沉，做棺腐朽，造器具即折毁，当屋柱生蛀虫，完全没有用处，唯一有用的就是可以用来乘凉。

正是因为它们无用所以才珍贵！死猫头最贵，因为没有人出价争夺，也没有人出得起性命的价钱啊！”

当今社会，人们习惯于为自己做各种周密而细致的盘算，权衡着可能有的各种收益与损失，为了满足自己的欲望，我们可以放弃爱情，放弃婚姻，放弃生活，甚至于放弃我们自己。可是，我们得到的，却让我们付出了更高昂的代价。为了钱，我们东西南北团团转；为了权，我们上下左右转团团；为了欲，我们上上下下奔蹿；为了名，我们日日夜夜蹿奔。名是绳，利是绳，欲是绳，尘世的诱惑与牵挂都是绳。人生三千烦恼丝，人们身陷其中而无法自拔。

学着摆脱名利的束缚，不再醉心于功利的事情，我们才能活得快乐，活得轻松。淡泊名利是一种境界。淡忘功名利禄，那将使你不会高高在上，不会拥有那种孤独的高处不胜寒的悲凉。淡忘曾经的痛楚，那将有助于你寻找到另一份真正属于自己的幸福。淡忘曾经的仇恨，那将帮助你开辟另一条通往成功的大道。淡忘曾经的成功，那将有助于把你带往人生新的高峰。

别把自己太当回事，你的心境会好一些

你无法控制所有的事情

一家唱片公司旗下有很多歌星，其中一个女孩子，样子虽然不漂亮，但是，她的歌唱得很好。那个女孩子在圈中浮沉了许多年，最后还是黯然退下了。那个时候，有人问公司老板：“她为什么不见了？她的成绩应该可以比现在好一点的。”

老板说：“我叫她用心唱歌，不要穿得古灵精怪，她反而跟我说：‘我是一半偶像，一半实力。’”

原来她觉得自己很漂亮。她完全不知道自己最大的长处是唱歌。

女孩什么都想要，最后什么都没得到。那些深谙做人之道的人，大都是在社会群体中能够摆正自己位置的人，而把自己看成比别人高人一等的人，一定是世界上最愚蠢的人。

有时我们的烦恼来自于我们有颗狂妄自大的心。一个人如果妄自尊大，把谁都不放在眼里，一切皆以自我为中心，那么他一定会一天到晚被烦恼重重包围着。

若一个人太自负了，就很容易陷入一种莫名其妙的自我陶醉之中，变得自高自大起来，他会无视所有人对他的不满和提醒，终日沉浸在自我满足之中，对一切功名利禄都要捷足先登，这样的人反而永远也得不到人们对他的理解和尊重。

安德森是个非常优秀的青年，头脑一向很聪明，在大学期间是令人羡慕的“学习尖子”。或许正是因为他太优秀了，所以其他人在他眼里简直不值一提。

他是一个特立独行的人，时时感到自己是“鹤立鸡群”。不仅周围的同学他看不上眼，连一些教授他也不放在心上，因为他们讲的课程对安德森来说实在太简单了。

学业上的优秀使安德森逐渐形成了一种优越感，因而在人际交往上常常变得极为挑剔，容不得别人有一点毛病。一次，有位同学向他借了一本书，书还回来时弄破了一点，虽然那位同学一再向他表示歉意，但安德森仍然无法原谅他。尽管碍于面子，他当时什么话也没说，然而从那以后，他再也不愿理睬那个借书的同学了。

渐渐地，安德森成了其他同学眼中的“怪人”，大家不敢再和他交往，甚至不愿意和他交往。当然，这种“集体排斥”并没有阻碍安德森在学业上的成功。

安德森的功课门门都很优秀，年年都获得奖学金，还曾代表学校参加过国际性竞赛并获得了奖项。许多老师和学生都一致认为，他是一个难得的“天才”。

数年寒窗苦读后，安德森以优异的成绩毕业，顺利进入一家待遇优厚的大公司。他心中对未来充满了憧憬，准备干出一番轰轰烈烈的事业来。

不过，上班后的生活远远不像在学校里那样简单，每天都少不了和上司、同事、客户等各种各样的人打交道，安德森对此感到十分厌烦。原因在于，他在与人交往时仍然抱着那种挑剔的心理，一旦与人接触就对他人的弱点非常敏感。

毕竟，安德森太优秀了，很少有人能够和他相提并论。他对别人的挑剔越来越严重，逐渐发展成对他人的厌恶。他讨厌那些平庸的同事、低能的上司，有时甚至说不清对方有什么具体的缺陷，但他就是感觉不对劲。

长此以往，安德森与周围的人关系搞得很紧张，彼此都感到很别扭。他经常与同事闹得不可开交，也往往因一些微不足道的小事而与上司发生龃龉。

终于有一天，安德森彻底变成了一个无人理睬的闲人了。尽管他确实很有才干，但上司却不再派给他任何任务，同事们也像躲避瘟疫一样远离他。在走投无路之际，他被迫写了一份辞职书，结果马上得到批准。

随后，安德森又到别处应聘，可是一连换了四五家单位，竟然没有一处令他感到满意。这位原本前途远大的青年，心情变得越来越苦闷，日益形单影只。在巨大的痛苦煎熬下，他的精神逐渐崩溃，最后被送入了一家精神病医院。

自命不凡的安德森，由于对自己没有客观的评价，觉得在这个世界上，唯他最大，一副不知天高地厚的架势，以显示自己伟大的魄力和气度，最终毁了自己。

世界上不可能有十全十美的人，我们每个人都应该正确认识自己，认识自己的优势和劣势、所长和所短。人生中有那么多事，每个人自己的事都处理不完，没有多少人还会去关心与自己不太相关的事情，只要你不对别人造成什么伤害，只要不是损害了别人的什么利益，没有什么人会对你的失误或尴尬太在意的。也许第二天太阳升起的时候，别人什么事都没有了，只有自己还在耿耿于怀。记得某个文学大家写过这样的话："亲戚或余悲，他人亦已歌，死去何所道，托体同山阿。"想想也是，在你还沉浸在悲伤之中时，别人早已踏歌而去了。所以你要明白，你无法控制所有的事情。

心灵越纯净，力量越强大

英国政治活动家、小说家爱德华·立顿说："有许多人看到我整日里如此忙碌，事无巨细无不顾及，竟然还能有时间来从事学问研究，他们都免不了奇怪地问我：‘你怎么会有那么多时间来完成了这样多的著述呢？你究竟有什么分身之术，可以做完这么多工作呢？’或许我的回答会令你大吃一惊，答案就是——‘我之所以能做到这一点，是因为我从来不同时做好几件事情。’我认为，我真正专心致志的学习是从离开大学校园跨入社会之后开始的。到现在为止，我觉得在生活阅历和各种知识的积累方面，跟同时代的绝大多数人相比，自己毫不逊色。我经历了大量地方，所见甚广；在政界和各种各样的社会事务中，我也收获颇丰；除此之外，我在各地出版了大约六十本著作，其中涉及的许多课题是需要深入研究的。你认为通常一天中我会有多少时间用来研究、阅读和写作呢？我可以告诉你，不到三个小时；在国会开会期间，可能连三个小时都没有。然而，在这三个小时之内，我却是全神贯注地投入我的工作的，心无旁骛，用心极专。”

选定一件事情，全力以赴，这是所有奋斗成功者共同的秘诀。因为唯有如此，在做一件事情时，自己的心才能达到真正的纯净，除了跟前的事情之外，再无其他，所以，人们才会拥有无比强大的力量，得以实现自己的目标。

生活中，之所以有许多人最终无法实现少年时代的梦想，原因就是他们同时涉足了太多的领域，难免会分散精力，这就阻碍了他们的进步，使得他们最终一事无成。

有一个热心肠的人，看到有人正要将一块木板钉在树上当搁板，便走过去管闲事，说要帮他一把。他说：“你应该先把木板头子锯掉再钉上去。”于是，他找来锯子才锯两三下又撒手了，说要把锯子磨快些。于是他又去找锉刀。接着又发现必须先在锉刀上安一个顺手的手柄。于是，他又去灌木丛中寻找小树，可砍树又得先磨快斧头。磨快斧头需将磨石固定好，这又免不了要制作支撑磨石的木条。制作木条少不了木匠用的长凳，可这没有一套齐全的工具是不行的。于是，他到村里去找他所需要的工具，然而这一走，就再也不见他回来了。

每个人的心灵的“容积”是有限的，如果在同一时间放进了太多零乱、琐碎的东西，必然会令原本重要的东西淹没其中。不要

博而泛，要精而专，这是当今时代的要求。在这个社会分工越来越细，专门领域越来越精的时代，如果一个人把自己的精力分散开来，那他注定是不会成功的。

欧文·伯克斯顿曾说过：如果一个人在生活中只追求一个目标——一个唯一的目标，那么在有生之年，他极有可能会实现自己的愿望。与其一次做几件事，持续在多个工作间交换，绝不如全力以赴把精力集中于当前正在进行的工作，把工作一件件完成来得有效率。

王医生，是附近十里八乡最著名的医学专家，每周三是他出诊的日子。由于他的医术高明，因此，很多人都是慕名而来的。每个星期三，医院里都会聚满了来自不同地方的患者，他们早早地排起长队，急切地等待着，等待着去体验医生妙手回春的神奇功力。

他工作的紧张程度与压力可想而知。不可思议的是，这位身材瘦小、戴着眼镜、一副文弱样子的王医生，看起来一点也不紧张，人们都很佩服他面对大量缺乏耐心和混乱的患者时，仍然能表现出让常人很难想象的镇定自若。

在他面前的患者，是一个矮胖的农村妇女，头上戴着一条头巾，已被汗水湿透，她的脸上充满了焦虑与不安。王医生倾斜着上身，以便能倾听她的声音。“是的，你哪里不舒服？”他把头抬高，集中精神，透过他的厚镜片看着这位妇人，“不舒服时间持续多久了？”

这时，有位穿着入时、戴着昂贵手饰的女子，试图插话进来。但是，王医生却旁若无人，只是继续和这位妇人说话：“你确信是间歇性疼痛吗？”“是的，没错，大夫。”“是进食以后比空腹时更加疼吗？”“不，恰好相反。”他点点头说：“我给你开一个处方，每天吃四次，每次吃两粒。”“你说的不是每天三次，对吗？”“是的，太太。”“四次？”“是的，四次。”

女人转身离开，王医生立刻将注意力移到下一位时髦女患者身上。但是，没多久，那位太太又回头来问一次：“你刚才说是四次，对吗？”这一次，王医生集中精力在下一位患者的身上，不再管这位头上扎丝巾的太太了。

有人不解地询问王医生：“能否告诉我，你是如何做到保持冷静的呢？”

王医生这样回答：“我并没有和所有的患者同时打交道，我只是单纯处理一位顾客。忙完一位，才换下一位。在一整天之中，我一次只能为一位患者服务。”

“一次只做一件事”，可以使我们静下神来，心无旁骛，一心一意，自然就拥有了更为强大的力量，事情也就更容易做好。

最好是更好的敌人

压力，让你发现自己蕴藏的能量

有一年冬天，一对婚姻濒临破裂而又不乏浪漫情调的加拿大夫妇准备做一次长途旅行，以期重新找回昔日的爱情。两人约定：如能找回爱情就继续在一起生活，否则就分手。当他们来到一个长满雪松的山谷的时候，下起了大雪，他们只好躲在帐篷里，看着大雪漫天飞舞。不经意间，他们发现，由于特殊的风向，东坡的雪总比西坡的雪下得大而密，不一会儿，雪松上就落了厚厚的一层雪。然而，每当雪落到一定程度时，雪松那富有弹性的枝杈就会弯曲，使雪滑落下来。就这样，反复地积雪，反复地弯曲，反复地滑落，无论雪下得多大，雪松始终完好无损。其他的树则由于不能弯曲，很快就被压断了。

妻子似有所悟，对丈夫说：“东坡肯定也长过其他的树，只不过由于不会弯曲而被大雪摧毁了。”丈夫点头。就在这时，两人似乎同时恍然大悟，旋即忘情地紧抱着热吻起来。丈夫兴奋地说：“我们揭开了一个谜——对于外界的压力，要尽可能去适应；在适应不了的时候，要像雪松一样弯曲一下，这样就不会被压垮。”

生活中，不少人畏惧压力、逃避压力。但其实压力也是一种动力，是可以帮助人们长久地生存与进步必不可少的一个因素。

所谓的压力是当我们去适应由周围环境引起的刺激时，我们的身体或者精神上的生理反应。这种反应包括身体成分和精神成分，

还会导致其他的积极的或者消极的反应。压力也是一种正常现象，世界上不存在任何没有压力的环境。每个人都会经历，譬如，头发剪坏了、争吵、迟到等，都是压力的导火线。在快节奏的都市生活中，人们会面临种种压力，勇敢地面对现实，换种眼光看压力，或许会发现原来它可以激发出身体里潜藏许久连自己都不太清楚的强大能量。

自然界曾有一种腔棘鱼，又称“空棘鱼”，它因脊柱中空而得名。生物学家在白垩纪之后的地层中找不到它的踪影，因此得出结论：这个登陆英雄已经告别了世间，全部灭绝了。1938年在南非，人们发现了一条腔棘鱼，这个史前鱼种还活着！在距今4亿年前的泥盆纪时代，腔棘鱼的祖先凭借强壮的鳍，爬上了陆地。经过一段时间的挣扎，其中的一支越来越适应陆地生活，成为真正的四足动物；而另一支在陆地上屡受挫折，又重新返回大海，并在海洋中寻找到一个安静的角落，与陆地彻底告别了。

出乎所有人意料的是，这个安静的角落就是11000米深的海底。要知道，对人类而言，入海远比登天要难得多。首先是巨大的压力：水深每增加10米，压力就要增加1个大气压。在11000米深的海底，压力将高达1100个大气压，别说人的血肉之躯，就是普通的钢铁构件也会被压得粉碎；其次是海底的恶劣环境：黑暗、寒冷。太阳光进入海中很快被吸收，10米处的光能只及海洋表面的18%，100米深处则只有1%了。光线稀少，热量自然难留，水下的寒冷、黑暗可想而知。然而，腔棘鱼通常生活在非常深的海底，并把自己隐藏在海底礁石的洞穴里。

在恶劣的海底，它们学会与压力共处，在自己创造的历史里痛并快乐地生存着，超乎想象地存在了4亿年！

正是由于海底这种高压环境，使原本几乎已经绝种的腔棘鱼存活了4亿年之久。显然，对它们而言，海底的这种压力是生存必需品，是上天赐予它们的一份最珍贵的礼物。

当然，并非所有的压力都具有此种积极的作用，当压力超过一定程度时，就会压得人喘不过气来，影响正常的生活与工作。此时，除了调节自己的心理之外，还需要借助一些外在的方法来帮助自己解压。

如：通过音乐解压，音乐具有安定情绪和抚慰的功效，据说，持之以恒地使用音乐治疗的方法能够使人修炼到人和音乐合二为一的最高境界，从而达到减压的目的；通过香气解压，据说香气治疗可以起到缓和人们紧张情绪和改进人际关系的神奇功效，如果没有条件的话，可以养几盆有香味花，每天早晚闻一次，也许压力也会随之一扫而光；通过影视解压，有空去电影院看一部悲剧片或喜剧片都是很好的选择，它可以让你大哭或者大笑一场；通过户外活动解压，周末去郊外活动活动，一方面可以与三两知己互谈人生，另一方面尽情地享受户外清新的空气和美丽的田园景色；通过沐浴解压，一些专家认为，热蒸气会促使体内产生压力的化学物质释放，从而降低压力激素，睡前洗个热水澡也是另一种消除压力的好方法；通过按摩解压，在按摩时，紧张的肌肉会放松，而且由于紧张感而带来的疼痛也会消失，减轻焦虑情绪；通过养宠物解压，科学家认为，抚摸宠物会帮助降低血压和减缓压力……

积极的心理暗示，让你的人生到处是奇迹

一个人的行为总是与他意志中的最主要思想相互配合，这已是大家公认的一项心理学原则。主动植入脑海中并维持不变的任何明确的主要目标，在下定决心要将它予以实现之际，这个目标将渗透到整个潜意识，并自动地影响到我们身体的外在行动使我们一步步地接受它。

在心理学上有一种方法，可以把你的明确的主要目标深刻印在潜意识中，这就是所谓的“心理暗示”，也就是你一再向自己提出暗示，相当于是某种程度的自我催眠惧。拿破仑就是借助于这个方法，让自已从出身低微的科西嘉穷人，最后成为法国的独裁君主；林肯也是借助于这同样的方法，跨越了一道看似无法跨越的鸿沟，走出肯塔基山区的一栋小木屋，最后成为美国总统。

以下是拳击手杰克·丹普先生远离忧虑的故事：

在我的拳击生涯中，我发现最强劲的敌人不是那些重量级的选手，而是自己内在的情绪困扰，因为情绪上的忧虑不但会消耗体力，

还会影响拳击的进行。所以，我为自己制定了一套原则借以保持充沛的体力与旺盛的精力。这一套原则就是：

1. 为了让自己有充分的勇气，每当拳赛开始前我都会自我鼓励一番，反复地对自己说："不要怕，没有什么可以伤得了我的，他击不倒我。"这种积极的鼓舞确实产生了不少作用。例如，在我和佛波比赛的时候，我不断地对自己说："没有人敌得过我，他伤不了我，他的拳头伤不了我，我不会受伤，不管发生什么事，我一定要勇往直前。"像这样为自己打气，使想法趋向积极，对我帮助很大，甚至使我不觉得对方的拳头在攻击。在我的拳击生涯中，我的嘴唇曾被打破，我的眼睛被打伤，肋骨被打断，而佛波的一拳将我打得飞出场外，摔在一位记者的打字机上，把打字机压坏了，但我对佛波的拳头却并无感觉。只有一次，那天晚上李斯特·强森一拳打断了我的三根肋骨，那一拳虽不致让我倒下，但影响到了我的呼吸。

我可以坦白地说，除此之外，我在比赛中未对任何一拳有过知觉。

2. 我一再地提醒自己，忧虑不但于事无补，反而还会产生相反效果。我的大部分忧虑，都出现在我参加重大比赛之前，也就是接受训练期间。我经常在半夜醒来，一连好几个钟头，心里十分忧虑，辗转反侧，无法成眠。我担心会在第一回合中被对方打断手，或扭了脚踝，或眼睛被严重打伤，如果是这样的话我就不能充分发挥攻势。所以，每次我因为担心第二天的赛程而睡不着觉时，就会下床对着镜子中的自己说："你真是个傻瓜，何必为了尚未发生的事或根本不会发生的事而担忧呢？人生如此短暂，应该好好把握、享受生命才是啊，还有什么比健康更重要呢？"这样日复一日、年复一年地提醒自己，久而久之，这些话好像印到我的骨髓里，经常不自觉地就浮现在脑海中，帮助我克服了许多情绪上的困扰。

3. 最后一项也是最重要的一项就是祷告。一天中我有好几次与雇主交谈的机会，拳击赛中每次回合的铃响前、每餐吃饭前、每晚入睡前，我都会虔诚地祷告，祈求上帝赐给我力量与勇气，让我打好每一场人生战役。我的祈祷获得了回应吗？当然，上帝对我的回报远超过我的付出！

世界上不是每个人都要面临着十分巨大的困难，但是每个人都存在着若干问题，若都能通过暗示或自我暗示让激励产生作用，一切都会变得有所不同。即便是当你不开心时，也可以通过假装快乐来改变自己的心情。

不妨试一下。当你心情不太好的时候，让自己的脸露出一个很开心的笑容来，挺起胸膛，好好地深吸一大口气，然后唱一小段歌，如果你不能唱，就吹口哨，若是你不会吹口哨，就哼一段歌。你就会很快地发现就像威廉·詹姆斯所说的那样："如果你感到不快乐，那么唯一能找到快乐的方法，就是振奋精神，使行动和言词好像已经感觉到快乐的样子。"这样一来，你根本就不可能再忧虑和颓丧下去了。

假装绝对不是坏事，但一定要装得很像。为了做一个成功的假装者，你必须尽量想一些愉快的事情，为你的微笑补充能量，慢慢的快乐的事情就会不断地涌出来，最后就会发现自己从不快乐变成了假装快乐，又从假装快乐变成了很快乐。

心理上的自我暗示是世界上最神奇的力量，积极的自我暗示往往能唤醒人的潜在能量，将他提升到更高的境界。具有自信主动意识的人必然会长期进行积极的自我暗示，他们在每一个困难和问题面前看到的都是机会和希望。如此一来，就能够激发隐藏得极深的潜能，使其发挥无穷的力量，创造出一个又一个奇迹。

Part 6
顺其自然，不是所有问题都需要马上解决

欲望无止境，顺其自然为最真

贪婪是人性的鸦片，吸时过瘾戒时难

爱斯基摩人捕猎狼的办法世代相传，非常特别，也极甚有效。严冬季节，他们在锋利的刀刃上涂上一层新鲜的动物血，等血冻住后，他们再往上涂第二层血；再让血冻住，然后再涂……就这样，很快刀刃就被冻血掩藏得严严实实了。

然后，爱斯基摩人把血包裹住的尖刀反插在地上，刀把结实地扎在地上，刀尖朝上。当狼顺着血腥味找到这样的尖刀时，它们会兴奋地舔食刀上新鲜的冻血。融化的血液散发出强烈的气味，在血腥的刺激下，它们会越舔越快，越舔越用力，不知不觉所有的血被舔干净，锋利的刀刃暴露出来。

但此时，狼已经嗜血如狂，它们猛舔刀锋，在血腥味的诱惑下，根本感觉不到舌头被刀锋划开的疼痛，完全不知道它舔食的其实是自己的鲜血。它只是变得更加贪婪，舌头抽动得更快，血流得也更多，直到最后精疲力竭地倒在雪地上。

不仅是狼，很多人也往往会在不知不觉间陷入贪婪的深渊而无法自拔。

一开始时，人们贪恋的或许只是一些蝇头小利，但贪婪就像是人性的鸦片，一旦开了头，就很难停下来了。于是，一批又一批人前赴后继地把自己绑上欲望的战车，纵然气喘吁吁也不得歇脚。不断膨胀的物欲、工作、责任、人际、金钱几乎占据了现代人全部的空间和时间，许多人每天忙着应付这些事情，几乎连吃饭、喝水、睡觉的时间都没有。

正如宋学大家程颐所讲：“一念之欲不能制，而祸流于滔天。”古往今来，贪婪成性的大有人在，因贪婪而身败名裂，甚至招致杀身之祸的人就更是不胜枚举了，而驱使他们做出种种抉择的唯一动力便是贪婪的心态。恩格斯曾鲜明地指出：卑劣的贪欲是文明时代从它存在的第一日起直至今日的动力：财富，财富，第三还是财富，——不是社会的财富，而是这个微不足道的单个的个人的财富。这就是文明时代唯一的、具有决定意义的目的。

人一旦掉进贪婪陷阱，就如坠入万丈深渊，很有可能万劫不复。

从前，有一个国王，在拥有了很多个王子后，一起期盼着能有一个公主。好不容易他最宠爱的妃子为他生了一位漂亮的公主，国王自然对小公主疼爱有加，凡是公主要求的东西，国王从来都不会拒绝，就是她要天上的星星，国王也恨不得攀登天空，为公主摘下来，点缀为彩衣。

公主在国王的呵护下，慢慢成长为豆蔻少女，渐渐懂得了装扮自己。有一天，春雨初霁的午后，公主带着婢女徜徉于宫中花园。只见树枝上的花朵，经过雨水的润泽，花苞上挂着几滴雨珠，显得愈发的娇艳；翁郁的树木，翠绿得逼人眼睛。

正在欣赏雨后景致的公主，忽然被荷花池中的奇观吸引住了。原来池水的热气经过蒸发，正冒出一颗颗状如琉璃珍珠的水泡，浑圆晶莹，闪耀夺目。公主看得入了神，突发奇想："如果把这些水泡串成花环，戴在头发上，一定美丽极了！"于是叫婢女把水泡捞上来，但是婢女的手刚一触及水泡，水泡便破灭无影。折腾了半天，也毫无结果，公主气愤难忍，一怒之下，跑回宫中，把国王拉到了池畔，对着一池闪闪发光的水泡说："父王！您一向是最疼爱我的，现在我想要把池里的水泡串成花环，戴在头上。"

"傻孩子！水泡虽然好看，终究是虚幻不实的东西，怎么可能做成花环呢？父王另外给你找些珍珠水晶，一定比水泡还要美丽！"国王无限怜爱地看着女儿。

"不要！不要！我只要水泡花环，我不要什么珍珠水晶。如果您不给我，我就不想活了。"公主哭闹着。

束手无策的国王只好把朝中的大臣们集合于花园，忧心忡忡地说道："各位大臣们，你们号称是本国的奇工巧匠，你们之中如果有人能够以奇异的技艺，用池中的水泡，为公主编织美丽的花环，我便重重奖赏。"

"报告陛下，水泡刹那生灭，触摸即破，怎么能够拿来做花环呢？"大臣们面面相觑，不知如何是好。

"哼！这么简单的事，你们都无法办到，我平日如何善待你们？如果无法满足我女儿的心愿，你们统统提头来见。"国王怒了。

"国王请息怒，我有办法替公主做成花环。只是老臣我老眼昏花，实在分不清楚水池中的水泡，哪一颗比较均匀圆满，能否请公主亲自挑选，交给我来编串。"一位须发斑白的大臣神情笃定地打圆场。

公主听了，兴高采烈地拿起瓢子，弯下腰身，认真地舀取自己中意的水泡。本来光彩闪烁的水泡，经公主轻轻一触摸，霎时破灭，变为泡影。捞了老半天，公主一颗水泡也拿不起来。

仿佛从出生那一刻起，公主的欲望便得到了最大限度地纵容，贪婪也就自然而然地长驻在了她的心中。想要一切美好东西的贪念，促使公主对于虚幻的水泡也产生了占有欲，真可谓是"人心不足蛇吞象"啊！

贪婪，就像是害人不浅的鸦片，一旦碰了就很难戒掉。

抵制诱惑，别让贪欲肆虐

唐代伟大的文学家柳宗元曾写过一篇名为《蝜蝂传》的散文。文中说，蝜蝂是一种擅长背东西的小虫。爬行时遇到东西，总是抓取过来，抬起头背着这些东西。东西越背越重，即使非常困难也不停止。它的背很粗糙，因而东西堆上去不会散落，终于被压倒爬不起来。有的人可怜它，替它去掉背上的东西。可是蝜蝂如果能爬行，又把东西像原先一样抓取过来背上。这种小虫又喜欢往高处爬，用尽了它的力气也不肯停下来，导致跌倒（最后）摔死在地上。蝜蝂由于背上的东西越来越多，越来越重，不停止的贪婪行为，终于丢掉了性命。

人的一生中，会遇到很多陷阱，而这些陷阱之中，最为可怕的一种是自掘的陷阱——贪婪。现今的社会是一个科技发达、物质丰富、充满竞争的社会，我们心中的欲望，常被挑逗得像是看见红色斗篷的斗牛；他人暴富的经历，更让我们血脉贲张，跃跃欲试；时尚名牌漫天飞，哪能心如止水；美女香车招摇过，你的心早已蠢蠢欲动；更不能忍受的是别墅洋房的诱惑……因此，太多的时候，我

们会被世上的名利、金钱、物质所迷惑，心中只想得到，只想将其统统归于己有，于是贪欲肆虐，搅得我们的生活不得安宁，甚至付出了惨痛的代价。

有一个农民想要买一块地，他听说有个地方的人想卖地，便决定到那里打听一下。到了那个地方，他向人询问："这里的地怎么卖呢？"

当地人说："只要交1000块钱，然后就给你一天时间，从太阳升起的时间算起，直到太阳落下地平线，你能用步子圈多大的地，那些地就是你的了，但是如果不能回到起点，你将不能得到一寸土地。"这个人心想："那我这一天辛苦一下，多走一些路，岂不是可以圈很大的一块地，这样的生意实在太划算了！"于是他就和当地人签订了和约。

太阳刚一露出地平线，他就迈着大步向前疾走，到了中午的时候，他回头已看不见出发的地方了才拐弯。他的步子一分钟也没有停下，一直向前走着，心里想："忍受这一天，以后就可以享受这一天的辛苦带来的欢悦了。"

他又向前走了很远的路，眼看着太阳快要下山了，他心里非常着急，因为如果他赶不回去就一寸地也得不到了，于是他走斜路向起点赶去。可是太阳也马上就要落到地平线下面了。于是他加快了脚步，只差两步就到达起点了，但是他的力气已经耗尽，倒在了那里，倒下的时候两只手刚好触到了起点的那条线。那片地归他了，可是又有什么用呢？他的生命已经失去了，还有什么意义呢？

这个世界有太多的诱惑，如果我们对每个诱惑都表现出极大兴趣的话，就会有太多的欲望。如此一来，我们不得不为了权力、为了地位、为了金钱而削尖了脑袋向里钻，就像伊索所说得："许多人想得到更多的东西，却把现在所拥有的也失去了。"

有一个男人，经过自己的努力，终于拥有了自己的事业和家庭，房子、车子在他的生活中样样齐全，而投身商海这么多年，没日没夜的奔波、操劳的他，有一天终于感觉累了，看着渐渐发福的太太，不由得感叹："太太，在这个社会上，我们也算小富有余了，我想好好休整一年，然后去找个简单的工作。"

太太不满：“作为男人，要有远大志向，不能稍富即安，我们离真正的富翁还差太远。”

太太的话像针般又一次深深地扎进男人的心中，男人的尊严在那一刻激灵了一下，人活着究竟为什么，就为那些花花绿绿的钞票，他头一次迷茫了。

然而未等再展宏图，他就轰然倒下了，莫名其妙的消瘦、胸部长时间的憋闷，让他不得不去医院检查。检查的结果让他头晕目眩，诊断书清晰的写着两个字：肺癌。他差点跌坐在椅子上，医生握着他的手，安慰他：“慢慢调养，保持快乐的心情。”

回到家中，他感觉房子突然间变小了，太太也变得陌生好像不认识了，整天一句话也不说，常常面对着窗外的小鸟发呆，自己再也飞不高了，什么创业，什么人生，什么追求，此刻都失去了意义。于是他扔下一张纸条：我走了，是贪婪毁了我，毁了这个家。出了家门。

一个人对生活的期望不能过高。因为即使我们拥有整个世界，一天也只能吃三餐，一次也只能睡一张床。而且人赤条条地来去于这个世界上，不可能永久地拥有什么，我们每一个人所拥有的财物，无论是房子、车子……无论是有形的，还是无形的，不过是暂时寄托于你，让你暂时使用，到了最后，物归何主，都未可知。不妨将这些诱惑统统视为身外之物，去追求生活本身的淳朴，享受每一刻美好的时光。

用平常心面对生活

从生活中寻找乐趣

经历了充满浓情蜜意的恋爱阶段后，人们大踏步地走进了婚姻生活。开门七件事，柴米油盐酱醋茶，成为了生活里每日谈论的话题；锅碗瓢盆奏鸣曲，成为了日常生活的主旋律。一切都朝着平淡与琐碎的方向，坚定不移地前进着。于是，人们开始厌倦、开始反感，直到麻木，生活最终变成了一条涓涓的溪流，若有似无地继续着，看不到任何火花与激情，甚至连一点小小的涟漪也显得弥足珍贵了。

简单的生活琐事，可能会带来不同的结果：有人说，生活如麻，总有解不开的疙瘩；也有人说，生活如虹，总有看不尽的风景。其中的差别就在于人们看待生活的态度：有些人懂得变通，能在琐事之中获得生活的满足；而那些不懂变通的人，生活永远是那麻绳拧成的疙瘩。

宾夕法尼亚州瑞克托镇有一个名叫本尼特的年轻人，他的生父在他出世前就离开了母亲，哥哥理查以及本尼特和罗杰这对孪生兄弟都由母亲抚养，一家之主的重任则落到了他的乔治舅舅身上。

乔治舅舅有一张和善的宽脸，笑容可掬。他对事物的内部构造有浓厚的兴趣，也很能引起别人的兴趣。他有时会指着一架机器、一件工具或者纸夹之类最普通的东西说：“试想想发明这件东西要花多少心思。”他也会教人一些常识，而绝不令人觉得枯燥。或许就是因为乔治舅舅的这种性格，本尼特自小就常听到别人说：“这件事我们去找乔治商量。”或者“看看乔治有什么意见。”

乔治舅舅似乎总是能从最细微的事物得到快乐与满足。比如，刚从菜圃摘下的番茄的味道；透过溪畔悬铃木的晨曦；驾车上石南山喝泉水，等等。他欣赏别人拥有的东西，例如他自知永远没希望拥有的华贵大轿车，但只是赞赏那些东西而已，并没有丝毫妒忌之意。舅舅对别人的工作和兴趣总是兴致勃勃，因此朋友有什么梦想、遇到什么困难，都会讲给他听。

乔治舅舅那一代人，凡是本尼特认识的，都偶尔会说起在经济大萧条时期所受的煎熬。舅舅也有过同样的遭遇，但从来不提。舅舅在烟雾笼罩的钢铁城北布勒道克长大，童年时外公就去世了，从此他挑起养家的责任，尝尽了艰苦。他很少提起童年，提起的都是最快乐的事。直到本尼特被大学录取，舅舅为他高兴时，本尼特才发觉，舅舅其实很渴望自己当年也有这么一个机会。

可以说，舅舅从来没有赚过很多钱，也从没得过任何荣誉，但他是个真正快乐的人。夏日周末的晚上，他和街坊在自家的厨房里一面听收音机播出的田园民歌，一面煮蚝汤。打烊时分，他坐在蒙莱杂货店柜台前，吃着乳酪和饼干，跟蒙莱聊天。深夜，他坐在卧室的油灯旁读《圣经》。

有一次，舅舅向人借了一具大望远镜，选了个无云的夏夜，在后院架起来，和孩子们一起仰望火星、金星和一弯新月，听着蟋蟀唧唧叫。黑暗中一道手电筒光向他们照射过来，原来是邻居甘博正赶来参加他们的聚会。他们举头望着浩瀚的银河，舅舅乐观地说："本尼特，你知道吗，这真合算，我们都有个永恒不朽的机会。"

不幸的是，本尼特刚毕业，舅舅就突然逝世了。在送走舅舅的第二天，本尼特走进舅舅的卧室，看着舅舅办公桌上放着的袋表、罗盘、丁字尺和工程人员手册。在翻看舅舅的书本时，本尼特在舅舅那书页折了角、用铅笔画出重要字句的书里，发现了一张用来做书签的纸片，上面写着："……我无论在什么境况下都可以满足，这我已经学会了。"

任何人都想过幸福且充满活力的生活，但平淡的生活中没有那么多的波澜起伏，也经不起轰轰烈烈地折腾，所以，我们要在生活的琐事中寻找乐趣。生活本是一连串的小事组成，幸福也并非是大起大落、大富大贵这类让人心跳加快的突降之福。琐事本是生活的折射，懂得从琐事中享受生活的人，懂得从平淡之中安闲乐适的人，才是有好心态的人，就像乔治舅舅。

有些人认为，生活要过得简单而不乏味，有情趣而不孤独，是需要技巧的。但真正懂得乐观地去生活的人，其实只是特别留心周围的事物而已。在他们看来，没有任何东西可以不屑一顾，即使是普通得不能再普通的渺小之物，都有它的独特之处，都可以给生活带来生机和雅致。我们吸入普通的空气，在普照大地的阳光下取暖；我们赞美茵茵的绿草、飘浮的白云和欢笑的鲜花；我们热爱我们共有的大地，聆听来自大自然的声音。

这一切，皆来自于平日里琐碎的生活，但因为拥有了一颗真诚的心，而处处充满了活力与乐趣，生活也从乏味的平淡变得灵动起来了。

淡然如水，自然得失不惊

春秋时，楚王行猎，失落了一张名贵的弓，众人四下披草寻觅，却一无所获。侍卫长忧惧万分，匍行回报，自愿领罚，想不到楚王仰天而笑，挥手说：“楚王遗弓，楚人得之，皆吾胞吾民，不必找了！”这事很快传扬开来，市井酒肆之间，闻者无不动容，都称颂圣上心量宽宏，是恺悌君子。有人去问孔子，孔子点点头，淡然一笑，只说：“天下人人可得，何必曰楚？”孔子在慨叹楚王的心还是不够大，人掉了弓，自然有人捡得，又何必计较是不是楚国人呢？

“人遗弓，人得之”应该是对得失最豁达的看法了。有首小诗中说：“不要说你得到的太少太少，不要说你失去的太多太多，多的还会化成少，少的还会化成多……”生生死死，死死生生，世间的一切总是继往开来，生息不断的，得与失，到头来根本就是一无所得，也一无所失！然而，世间许多人都看不透其背后的实质。

一天，有一个老头在森林里抡起斧子正准备砍一棵树时，突然从树上飞出一只金嘴巴的小鸟，求他不要砍倒那棵树，并答应送给他柴烧。

老头空手回到家，他对老伴说：“明天家里会有许多柴的。”

第二天，老伴发现院子里多了一大堆柴，就叫老头：“快来看，快来看，谁在我家院子里放了这么一大堆柴。”

老头把遇到了金嘴巴鸟的经过告诉了老伴，老伴说：“柴是有了，可是我们却没有吃的。你去找金嘴巴鸟，让它给我们点吃的。”

老头又回到森林里的那棵树下。这时，金嘴巴鸟飞来了，它问：“你想要什么呀？”

老头回答说：“我的老伴让我来对你说，我们家没有吃的了。”

“回去吧，明天你们会有许多吃的。”金嘴巴鸟说完又飞走了。

老头回到家，对老伴说：“上床睡觉吧，明天家里会有许多食物的。”

第二天，他们果真发现家里出现了许多肉、鱼、甜食、水果、葡萄酒和想要的食物。饱餐了一顿后，老伴对老头说：“快去找金嘴巴鸟，让它送我们一个商店，商店里要有许许多多的东西，这样，往后我们的日子就舒服了。”

老头又来到了森林里的那棵树下。金嘴巴鸟飞来问他：“你还想要什么？”

老头对它说：“我的老伴让我来找你，让你把她变成王后，把我变成国王。”

金嘴巴鸟冷漠地望了一下老头，说：“回去吧，明天早上你会变成国王，你的老伴会变成王后的。”

老头回到家，把金嘴巴鸟的话告诉了老伴。

第二天早上醒来，他们发现自己穿的是绫罗绸缎，吃的也是山珍海味，周围还有着一大帮的侍臣奴仆。

可是，老伴对此仍不满足，她对老头说：“去，找金嘴巴鸟去，让它把魔力给我，让它来宫殿，每天早上为我跳舞唱歌。”

老头只好又去森林找金嘴巴鸟，他找了许多时候，最后总算又找到了它。老头说：“金嘴巴鸟，我的老伴想让你把魔力给她，她还让你每天早上去为她跳舞唱歌。”金嘴巴鸟愤怒地盯着老头，它说：“回去等着吧！”

老头回到家，和老伴一起等待着。

第二天起床后，他们发现自己被变成了两个又丑又小的小矮人。

得失，对于故事中的老夫妇来说，显然看得过于重了，于是，才一次次地要求金嘴巴鸟给予他们更多。获得是他们不断期盼的，而失去肯定会令他们痛苦万分。试想一下，当他们被变成两个又丑又小的小矮人之后的场景，必然是呼天抢地、痛不欲生。

患得患失的人，一生总是很苦恼，对取舍疑虑不决，本来拥有一些自己并不需要而多余的东西，却又费尽脑汁想使这些东西不减反增。其实，得与失只有一线之隔，以为自己获得了，你也就满足了；以为自己失去了，你也就开始悲观难过了。所以，真正的得失，并不在于物质，而在于心灵。当我们从心里将得失看淡了的时候，我们的人生也就轻松了。

佛经中说，凡是对一切人世间或物质世界的事物，沾染执著，产生贪爱而留恋不舍的心理作用，都是欲。得失的欲望对于每一个人，都是情感宣泄和精神的需求，是消解生活与乐趣的方式。得可以

是荣耀，失可以是尺度。智者看淡得失，耿耿于怀者则斤斤计较。

面对人生，需要一种智者的平和，任云卷云舒去留无意。它能够使你视金钱如粪土，视功名为过眼烟云。拜伦说：“真正有血性的人，绝不乞求别人的重视，也不怕被人忽视。”爱因斯坦用钞票当书签，居里夫人把诺贝尔奖牌给女儿当玩具。莫笑他们的“荒唐”之举，这正是他们淡泊如水、宠辱不惊的表现。

宠辱不惊，超脱了眼前的荣辱得失，心淡如水，是人生一大智慧。成功了要时时记住，世上的任何一样成功或荣誉，都依赖周围的其他因素，绝非你一个人的功劳。失败了不要一蹶不振，只要奋斗了，拼搏了，就可以无愧地对自己说：“天空不留下我的痕迹，但我已飞过。”

人生当如淡月清风般自然

从最初的少不更事到历经沧桑之后的宠辱不惊，从少年、中年到老年，人的变化不仅仅是时间，更是一个人历经世事之后的处事态度。是从最初的浮躁、火爆与不安，转变为后来的淡定、从容和平和，是心境的转变，也是人生态度的转变。最终的指向，都应是拥有一颗平常心，视人生如淡月清风般自然。

孟子一生中思想不为当世君主所接受，还受到各种中伤，但他为人豁达，只一句“行或使之，止或尼之，行止非人所能也”而已。意思是我的思想如果可行，那么自然会被推行；如果行不通，我自己也会见势而止。而行得通或行不通则不是人力可以安排的，这需要靠天意了。这句话体现了孟子的人格魅力，即“穷则独善其身，达则兼济天下”的精神。得机会，救天下，救国家，救社会；不得机会，则自己修身养性，一切处之泰然。他所拥有的那颗平常心，令无数人艳羡不已。

平常心，不独与孟子这样的智者有关，也与凡夫俗子相联。我们平凡人的人生，会有得意、失落、成功、失败，也会有属于自己的辉煌和挫折。所有的这一切都是组成完整人生必不可少的内容，有大起就会有大落，太平顺就难免乏味。所以，要以平常心做事，以平常心待人，心平气和，不浮躁，人生才会充实而美好。

一对老夫妇谈恋爱的时间是一九六七年元月，当时全国政局一片混乱，百姓苦不堪言。

那时候，粮店里的米与副食店里的肉、豆腐和百货店里的肥皂、布匹，以及煤铺里的煤等生活物资均要凭票供应，普通人家的生活清苦至极。男方的家在城郊的小菜园里，用现在的话来说，那里是当地的蔬菜基地。

女孩第一次“访地方”（当地将女方到男方家里去了解情况称为“访地方”）时，男方留她和媒婆吃中饭，菜很简单，只有两道：几个荷包蛋外加一碗萝卜丝。其中，那几个鸡蛋是向邻居借的，萝卜则是自己种的。

在回家的路上，媒婆说男方人穷又小气，劝漂亮的女孩不要嫁过来。女孩却说男方煮的萝卜丝很好吃，说明他很能干。

过了一段时间，当女孩一个人再次来找男孩时。男孩刚好捉了一些鲫鱼。招待女孩的菜仍然是两道，除了油煎鲫鱼外，还有一碗红烧萝卜，吃饭时，女孩称赞男孩的萝卜做得很有特色，并说自己很喜欢吃萝卜。男孩说：“是吗？你下次来我请你吃另一种口味的萝卜。” 在后来的来往中，女孩尝尽了男孩所制的不同口味的萝卜：清炒萝卜、清炖萝卜、白焖萝卜、糖醋萝卜、麻辣萝卜、萝卜干和酸萝卜等等。

再后来，女孩就成了这些萝卜的俘虏，嫁给了男孩。

当有人质问老太太当时为何不嫁给那些有条件煮肉、炖鸽、杀鸡、烧鱼的男人，却嫁给只会烹饪萝卜的人时，老太太说：“当时我认为，一个男人。在那种清贫的日子里竟能够把一种普通的萝卜烹饪出甜酸苦辣咸等几种不同的味道而令我大饱口福、弥久难忘，我想他同样能够将清贫的日子调理得色彩斑斓。谈婚论嫁，既要注重眼前，更要注重将来。这不，如今我和他结婚已30多年了，你看我们吵了几次架？更不像某些同龄人那样动不动就闹离婚。日子虽然过得平淡了一点，但平淡中更能见真情！”

确实，生活，不需要很奢华，拥有一颗平常心就可以恰到好处的诠释幸福。有时候，一顿简单的晚餐，一句简单的问候，一张简单的卡片，或者一首简单而又甜美的小诗，就能够满足我们的内心，让我们感受到生活的幸福。

一个人，无论成败，只要能拥有一颗宁静的心，他就是幸福的。正所谓：宠辱不惊，闲看庭前花开花落；去留无意，漫随天外云卷云舒。“一个强烈的决心，以摄取人生至善至美，一股股热的欲望，以享乐一身之所有，但倘令命该无福可享，则亦不怨天尤人。”林语堂的这句话就是对平常心最为精辟的解释！

平常心是对生命透彻的领悟，古人曰：生命薄如蝉翼，存在就该满足，是有一定道理的。平常心贵在平常，波澜不惊，生死不畏，于无声处听惊雷，平常心是一种超脱眼前得失的清静心、光明心。平常心，看似平常，实不平常。能够在纷繁复杂的环境中永怀一颗平常心，笑对胜败得失，看淡利禄功名，尽心尽力做最好的自己，不计荣辱得失，就是最大的不平常。

在我们的日常生活中，保持一份内心的宁静，用淡泊梳理人生，就会发现，愈是具有平常心的人，生活愈能幸福，因为唯有这样的人，才能发现生活中最美的风景。

长得漂亮，不如活得漂亮

用宁静沉淀杂质，为心灵留一片空白

现代社会在追求效率和速度的同时，使我们作为一个人的优雅在逐渐丧失。那种恬静如诗般的岁月对现代人来讲已成为最大的奢侈和批判对象。内心的声音，便在这种繁忙与喧嚣中被淹没了。物的欲望在慢慢吞噬人的性灵和光彩，我们留给自己的内心空间被压榨到最小，我们狭隘到已没有“风物长宜放眼量”的胸怀和眼光。高速，几乎成了生活对我们的唯一要求，随之而来的便是内心的浮躁。

小孙是公司的行政助理，也就是公司的管家，大家有什么事儿都会去找她，事无巨细，确实有些繁杂。小孙性格开朗，工作起来认真负责，该做的事情，一点也不曾怠慢。设备维护、办公用品购买、交通费、买机票、订客房……小孙整天忙得晕头转向，恨不得长出八双手来。再加上她为人热情，中午懒得下楼吃饭的人还请她帮忙叫外卖。小孙唯一的缺点就是好发发牢骚。

“烦死了，烦死了！”一大早就听小孙不停地抱怨，一位同事皱皱眉头，不高兴地嘀咕着：“好好的心情，全被你给搅和了！”

刚交完电话费，财务部的老王来领胶水，小孙不高兴地说：“昨天不是刚来过吗？怎么就你事情多，今儿这个、明儿那个的？”抽屉开得劈里啪啦，翻出一个胶棒，往桌子上一扔，“以后东西一起领！”

小李正在一旁，见气氛尴尬，忙开玩笑地对小孙说：“你看你，每次找人家报销都叫亲爱的，一有点事求你，脸马上就长了。”

大家正笑着，销售部的张丽风风火火地冲进来，原来复印机卡纸了。小孙脸上立刻晴转多云，不耐烦地挥挥手：“知道了。烦死了！和你说一百遍了，先填保修单。”单子一甩，“填一下，我去看看。”

小孙边往外走边嘟囔着：“综合部的人都死光了，什么事情都找我！”

对桌的小王气坏了：“这叫什么话啊？我招你惹你了？”

日子就在磕磕碰碰中过着。小孙仍然发挥着她不可或缺的作用，但她的态度却总是令人难以接受。有些时候，她甚至抢白得人家下不来台，但碍于面子，大家也只能暗自忍了下来。虽说小孙是在尽心尽力地做工作，可那些“讨厌”“就你事情多”“不是说过了吗”之类的口头禅实在是让人不舒服。特别是同一个办公室的人，小孙一叫，他们头都大了。

年末的时候公司民意选举先进工作者，大家虽然都觉得这种活动老套可笑，暗地里却都希望自己能榜上有名。奖金倒是小事，谁不希望自己的工作得到肯定呢？领导们认为先进非小孙莫属，可一看投票结果，50多张选票，小孙只得12张。

有人私下说：“小孙是不错，就是嘴巴太厉害了。”

小孙心里很委屈：我累死累活的，却没有人体谅……

可见，内心的浮躁不只关系个人，还会影响到身边的人。

现实生活中，像小孙一样心浮气躁的人很多。很多时候，我们的内心都为外物所遮蔽、掩饰，浮躁的心情占领了我们的整颗心，因此在人生中留下许多遗憾：在学业上，由于我们还不会倾听内心的声音，所以盲目地选择了别人为我们选定的、他们认为最有潜力与前景的专业；在事业上，我们故意不去关注内心的声音，在一哄而起的热潮中，我们也去选择那些最为众人看好的热门职业；在爱情上，我们常因外界的作用扭曲了内心的声音，因经济、地位等非爱情因素而错误地选择了爱情对象……我们都是现代人，现代人惯于为自己做各种周密而细致的盘算，权衡着可能有的各种收益与损失，但是，我们唯一忽视的，便是去听一听自己内心的声音。

其实，内心浮躁与否，关键还在于我们自己。把世事看得淡一点，自然心里就宁静了。

一个刚刚初中毕业的青年来到荷兰一个小镇上，找到了一份替镇政府看门的工作。随后，他在这个岗位上一直工作了60多年，并且一生都没有离开过这个小镇。

也许是工作太清闲，他又太年轻，需要找点事情做以打发时间。于是他选择了又费时又费工的打磨镜片当自己的业余爱好。就这样，他一磨就是60年。他专注、细致、锲而不舍，他磨出的复合镜片的放大倍数，比专业技师磨出的都还要高。借着他研磨的镜片，也就是最早的显微镜，他发现了当时科技尚未知晓的另一个广阔的世界——微生物世界。从此他声名大振，只有初中文化的他，被授予了看来高深莫测的巴黎科学院院士的头衔，就连英国女王都到小镇拜会过他。

创造这个奇迹的小人物，就是科学史上鼎鼎大名的、活了91岁的荷兰科学家列文·虎克。他只是默默地把手头上的每一个玻璃片磨好，平静地做好每个平淡无奇的细节，终于在心灵宁静处看到了他的上帝。

唯有宁静的心灵，才会像列文·虎克一样，不眼热权势显赫，不奢望金银成堆，不乞求声名鹊起，不羡慕美宅华第。宁静是一种气质、一种修养、一种境界、一种充满内涵的悠远。没有了它，人们通常认为非常重要的健康、才能、美丽、爱情、名誉、财富等，都会给人们带来可怕的痛苦。

保持心灵的弹性，心平气和好做事

村里有一位善骑的、箭法好的猎人。一次，他看到一件有趣的事情。那一天，他偶然发现村里一位十分严肃的老人与一只小鸡在说话游戏。猎人好生奇怪，为什么一个生活严谨、不苟言笑的人会在没人时像一个小孩那样快乐呢？

他带着疑问去问老人，老人说："你为什么不把弓带在身边，并且时刻把弦扣上？"猎人说："天天把弦扣上，那么弦就失去弹性了。"老人便说："我和小鸡游戏，理由也是一样的。"

每个人都试图选择一种轻松的生活方式，可波动的生活又常常让人心力交瘁，加上意外的打击，生命的意义变得模糊。在当今社会，生活节奏不断加快，"时间"似乎对每个人都不再留情面。于是，超负荷的工作便给人造成不可避免的疾患。人们的生活起居没了规律，所以患职业病、情绪不稳、心理失衡甚至猝死等一系列情况时有发生，给人们的生活、工作及心理造成无形的压力。

为了不失自己由于绷得过紧而断掉，我们需要换一种心情，放松一下，恢复心灵的弹性。所谓保持心灵的弹性，是指做人做事能屈能伸。刚硬的玻璃，虽然明澈，却经不起顽石的一击；细柔的藤条，因其坚韧，才使它充满活力。在一些场合，如在大是大非的原则上，做人应该像玻璃一样刚硬透明，但在一些细小的问题上，做人又必须像细柔的藤条一样，显示它的灵活性与多变性。

有一位网球运动员，每次比赛前别人都会好好睡一觉，然后去练球，他却一个人去打篮球。有人问他，为什么你不练网球？他说，打篮球我没有丝毫压力，觉得十分愉快。对于他来说，换一种心态，换一种运动方式，就是最好的休闲。

心灵如果没了弹性，生命更成了易碎品。一个人自己活得累，会使你周围的人也感到很累。这样的心灵，不会充满生机和活力，也不会接受别人的建议和真正的劝解。所以，无论是身处佳境还是不幸，都要学会放松自我，既不受名利之累，也不为逆境所困。以弹性的心灵带给他人所需的慰藉和喜悦，也能慰藉内心的安宁。唯有如此，在遇到问题时，我们才能心平气和，才更容易将事情做好。

一位知名跨国企业的CEO这样总结自己的成功秘诀："尽管在

困难和压力的情境中仍不能很好地保持平静，但我至少能够在处于危机的时候做一些有建设性的事。有人认为我能够保持心情平静，是由于我总能以理智的态度来对待困难，想出许多解决的方法，并且把一些有意义的方法建设性地付诸于实践行动。我自己也感到很惊讶，自从学会这种解决问题的小窍门后，我开始能够从容地面对困难和压力，甚至在我心烦意乱的时候也能从容应付。这使我认识到问题解决的方法是不再受焦虑困扰的‘良药’。”

可见，保持心平气和，付诸建设性的行动比焦虑更有意义。

清廷派驻台湾的总督刘铭传，是建设台湾的大功臣，台湾的第一条铁路便是他督促修成的。刘铭传的被任用，有一则发人深省的小故事：

当李鸿章将刘铭传推荐给曾国藩时，还一起推荐了另外两个书生。曾国藩为了测验他们三人中谁的品格最好，便故意约他们在某个时间到曾府去面谈。可是到了约定的时刻，曾国藩却故意不出面，让他们在客厅中等候，自己却在暗中仔细观察他们的态度。只见其他两位都显得很不耐烦似的，不停地抱怨；只有刘铭传一个人安安静静、心平气和地欣赏墙上的字画。后来曾国藩考问他们客厅中的字画，只有刘铭传一人答得出来。结果刘铭传被推荐为台湾总督。

刘铭传之所以能脱颖而出，全赖其平和的心态。人的烦恼一半源于自己，即所谓画地为牢、作茧自缚。芸芸众生，各有所长，各有所短，争强好胜失去一定限度，往往受身外之物所累，失去做人的乐趣。

不妨试着放下手上的工作，去做一些其他的运动，以偷得片刻休闲，消去心中烦闷。千万别说自己没时间，我们都有时间，并且可以试着改变自己。下班赶着回家做家务时，不妨提前一站下车，花半小时，慢慢步行，到公园里走走。或者什么都不做，什么也不想，就是看看身边的景色，放松一下自己的心情，肯定会有意想不到的效果。

“壁立千仞，无欲则刚。”保持心灵的弹性，心平气和地工作、生活，才能处处契机应缘、和谐圆满，才能更好地为人处世，所谓的“文武之道，一张一弛”，大概便是此意。

卸掉防御的铠甲，让心灵走出封闭的世界

一位建筑大师阅历丰富，一生杰作无数，但他自感最大的遗憾就是把城市空间分割得支离破碎，而楼房之间的绝对独立则加速了都市人情的冷漠。大师准备过完65岁寿辰就封笔，而在封笔之作中，他想打破传统的设计理念，设计一条让住户交流和交往的通道，使人们不再隔离，而充满大家庭般的欢乐与温馨。

一位颇具胆识和超前意识的房地产商很赞同他的观点，出巨资请他设计。图纸出来后，果然受到业界、媒体和学术界的一致好评。

然而，等大师的杰作变为现实后，市场反应却非常冷漠，乃至创出了楼市新低。

房地产商急了，急忙进行市场调研。调研结果出来后，让人大跌眼镜：人们不肯掏钱买这种房的原因竟然是嫌这样的设计使邻里之间交往多了，不利于处理相互间的关系；在这样的环境里活动空间大，孩子们却不好看管；还有，空间一大，人员复杂，对防盗之类人人担心的事十分不利……

大师没想到自己的封笔之作会落得如此下场，心中哀痛万分。他决定从此隐居乡下，再不出山。临行前，他感慨地说："我只认识图纸不认识人，是我一生最大的败笔。"其实，我们可以拆除隔断空间的砖墙，谁又能拆除人与人之间厚厚的心墙呢？

自有人类始，人就是群居动物，人是社会的人，即使是病人，聚在一起也比独处要轻松。可是，进入现代社会后，虽然交通、通讯越来越发达，人们的生活也越来越丰富多彩，但是越来越多的人却声称内心孤独。

一位中学生说，即使是在拥挤的教室、热闹的街市和同学的生日聚会上，他都能感受到难以排遣的孤独感。在人与人之间的交往中，我们很多时候只是应付。比如，从上班的那一刻起我们就开始将自己关闭在一个小小的空间内，懒得和别人打招呼，也懒得去和别人搞好关系。只顾忙着自己的事情，寂寞着一个人的寂寞，开心着一个人的开心。

这一切，皆源自于人们为保护自己而披上了一层又一层防御的铠甲，冷漠成了人与人之间常见的一种交际模式，很多人都被困在了一个由自己构建的、几乎完全封闭的世界之中，与世隔绝了。

对此，凯思·柯林斯曾说：“把自己封闭起来，风雨是躲过去了，但阳光也照射不进来。”要想让阳光重新照进心里，我们首先要做的就是拆掉冷漠的心墙，卸掉防御的铠甲，从封闭的世界里走出去。

曾任美国国会参议员的爱尔默·托马斯在他十几岁时，与同龄人相比，不但长得太高了，而且瘦得像支竹竿。他除了身体比别人高之外，在棒球比赛或赛跑等方面都不如人。于是他成了同学们常取笑的对象，被人起了一个“马脸”的外号。托马斯终日被自卑、忧虑所困扰，

他不喜欢见任何人，不愿意做任何事。

幸运的是，他的母亲一直鼓励他、相信他。不久以后发生的几件事带给了他勇气、希望与自信，改变了他以后的人生。

入学后，托马斯通过了一项考试，得到一份三级证书，可以到乡下的公立学校授课。虽然证书的有效期只有半年，但这是他有生以来，除了他母亲以外，第一次证明别人对他有信心。

随后，一个乡下学校以月薪40美元的工资聘请他去教书，这更证明了别人对他的信心。领到第一份薪水，他就到服装店，买了一套合身的服装。

后来，学校里举行一年一度的演讲比赛，他母亲一直鼓励他参加。于是，他精心准备，对着树木与牛群演练了上百遍。结果出人意料，他得了第二名，并且拿到了奖学金。

后来托马斯在回忆自己的人生历程时，不止一次说过：“这一连串的事成了我一生的转折点。”

自我封闭的心理具有一定的普遍性，各个历史时期、不同年龄层次的人都可能出现，其症状特点有：不愿意与人沟通，害怕和人交流，讨厌与人交谈，逃避社会，远离生活，精神压抑，对周围环境敏感。他们只愿意与自己交谈，如写日记、撰文咏诗，以表心曲。由于他们的自我封闭，所以常常忍受着难以名状的孤独寂寞。

有这样一首歌：“这是心的呼唤，这是爱的奉献，这是人间的

春风，这是生命的源泉。在没有心的沙漠，在没有爱的荒原，死神也望而却步，幸福之花处处开遍。只要人人都献出一点爱，世界将变成美好的人间”。的确，人与人之间的交往不是冷漠，而是需要爱，付出爱，就会发现世界是“美好人间”。

西德尼·史密斯说：“生命是由众多的友谊支撑起来的，爱和被爱都存在着最大的幸福。”人类的内心世界是由感情凝结而成的，所以才能在邻居或朋友之间建立起诚挚的友谊；才能在夫妻间建立起美满的婚姻和家庭；社会也才能通过感情的纽带协调转动。真挚的感情无影无形，但它却比任何实际的东西都更有价值。

在与人交往时，从自我封闭的荒原中走出来，将你的心窗打开，让尘封已久的心重新温暖起来，才能沐浴心灵的阳光。

做人不必太好强，赢了世界又怎样

不苛求所有人都对自己满意

史迈利·布兰敦在一本书中写道：“适当程度的‘自爱’对每一个正常人来说，是很健康的表现。为了从事工作或达到某种目标，适度关心自己是绝对必要的。”心理学家马斯洛在其著作《动机与个性》中也曾提到“自我接受”，他指出：“新近心理学上的主要概念是：自发性、解除束缚、自然、自我接受、敏感和满足。”确实，要想活得健康、成熟，“喜欢你自己”是必要条件之一，但不能将这一条件推广到所有人身上，要求所有人都对自己满意，喜欢自己。

在意他人的想法和感受，本来是善解人意的表现，但是有很多心地纯厚的年轻人，他们过于在意别人的想法，做事时总希望做到让所有的人都满意，这是不可能的。每个人都有自己的观念和眼光，都会用他独特的价值观来评判周围的世界。苛求自己让所有人都满意，会让自己越活越累，再也快乐不起来。

西莉亚自幼学习艺术体操，身段匀称灵活。可是很不幸，一次意外事故导致她下肢严重受伤，一条腿留下后遗症——走路有一点瘸。为此，她十分懊丧，甚至不敢走上街去，因为害怕看见别人注视残腿的目光。作为一种逃避，西莉亚搬到了约克郡乡下。

一天，小镇上的雷诺兹老师领着一个女孩来向她学跳苏格兰舞。在他们诚恳的请求下，西莉亚勉为其难地答应了他们。为了不让他们察觉自己残疾的腿，西莉亚特意提早坐在一把藤椅上。可那个女孩偏偏天生笨拙，连起码的乐感和节奏感都没有。

当那个女孩再一次跳错时，西莉亚不由自主地站起来给对方示范那个要领——一个带旋转的交叉滑步动作。西莉亚一转身，便敏感地看见那个学生的目光正盯着自己的腿，一副惊讶的神情。她忽然意识到，自己一直刻意掩盖的残疾在刚才的瞬间已暴露无遗。这时，一种自卑让她无端地恼怒起来。西莉亚的行为伤害了女孩的自尊心，她难过的跑开了。

事后，西莉亚满心歉疚。过了两天，西莉亚亲自来到学校，和雷诺兹老师一起等候那个女孩。西莉亚说："如果把你训练成一名专业舞者恐怕不容易，但我保证，你一定会成为一个不错的领舞者。"

这一次，他们就在学校操场上跳，有不少学生好奇地围观。那个女孩笨手笨脚的舞姿不时招来同学的嘲笑，她满脸通红，不断犯错，每跳一步，都如芒刺在背。西莉亚看在眼里，深深理解那种无奈的自卑感。她走过去，轻声对那个女孩说："假如一个舞者只盯着自己的脚，就无法享受跳舞的快乐，而且别人也会跟着注意你的脚，发现你的错误。现在你仰起脸，面带微笑地跳完这支舞曲，别管步伐是不是错。"

说完，西莉亚和那个女孩面对面站好，朝雷诺兹老师示意了一下。悠扬的手风琴音乐响起，她们踏着拍子，愉快起舞。其实那个女孩的步伐还有些错误，而且动作不是很和谐。但意外的效果出现了——那些旁观的学生被她们脸上的微笑所感染，也不再去关注舞蹈细节上的错误。渐渐地，有越来越多的学生情不自禁地加入到舞蹈中。大家尽情地跳啊跳啊，直到太阳下山。

金无赤足，人无完人，世界上绝对完美的人是不存在的，因为每个人的视角也都不一样，每个时代的审美也都不一样，所以什么是美，怎样才算美在每个人心中是有着不同的天平，所以，我们就更无需事事追求完美，追求让每个人都满意，为此伤神也是极其没必要的。而跟着他人眼光来去的人，只会打乱自己的脚步，迷失自己的方向，令自己陷入一种进退两难的尴尬尴尬境地，无异于跟自己过不去。

跟自己过不去的真正病源，应当从内心去寻找、大凡终日忧烦的人，实际上并不是遭到了多大的不幸，而是在自己的内心素质和对生活的认识上，存在着片面性。

苏轼曾说："横看成岭侧成峰，远近高低各不同。"人生是一个多棱镜，总是以它变幻莫测的每一面反照生活中的每一个人。我们不会要求多棱镜的每一面都照出绚烂的彩虹，同样地，我们也不应要求身边的每个人都满意自己的一切。

所以，我们不用再为了讨好每一个人而答应别人提出的所有要求。一般来说，我们应该尽可能地帮助他人，但帮助别人不能没有原则，不能答应别人自己做不到的事情，也不能答应别人一些不那么"光明正大"的事情，更不能答应别人会伤害到任何人的事情……

下面有几种委婉拒绝的方法：

1. 幽默回绝法

一次，钱锺书在电话里对想拜访他的英国女士说："假如你吃了个鸡蛋觉得不错，又何必认识那个下蛋的母鸡呢？"不但巧妙生动，而且表现出了钱老和蔼可亲的性格，幽默风趣地拒绝了对方。

2、回避主要问题法

为了加薪的问题，员工代表使出了眼泪战术，向老板哀求说："老板，请你一定要帮帮忙，现在这点薪水我实在无法和我太太继续在一起生活下去了！"

老板回答说："好吧！那么我会出面来说服你太太不要跟你离婚。"

3、敷衍拒绝法

有一次庄子向监河侯借贷，监河侯敷衍他，说道："好！再过一段时间，等我去收租，收齐了，就借你三百两金子。"敷衍是在不便明言回绝的情况下，含糊回绝请托人，运用好了会取得良好的

效果。

4、巧妙转移法

当别人邀请自己参加聚会时，如果不想参加的话，不妨说："真谢谢你的邀请。不过，碰巧我有重要的事情要办，没有参加的机会了，真是遗憾。请代我向大家问好。"

5、肢体表达法

一般而言，摇头代表否定，这是最好的拒绝方法。另外，微笑中断也是一种拒绝的暗示，突然中断笑容，便暗示着无法认同和拒绝。

少怪罪他人，多反省自己

子曰："君子周而不比，小人比而不周。""周"是包罗万象，一个圆圈，各处都统一，一个君子的为人处世，就应该对每一个人都是一样；经常将别人与自己作比较，看他顺眼就对他好，不顺眼就反感他，就是"比"。要人完全跟自己一样，就容易流于偏私。"比而不周"，只做到跟自己要好的人做朋友，什么事都以"我"为中心、为标准，不是真正的君子所为。

人是感性的动物，对待事物、处理事情往往以看到的景象，依照自己的价值观和思维模式来判断，因此对待别人与要求自己就有了双重的标准：一方面用放大镜来观察他人的行为，说三道四，评头论足；另一方面却用显微镜观察自己放纵自己的行为，毫无标准可言。

很多时候，我们都已经习惯了按照自己的标准去要求别人，却忽略了这个标准只是自己的，甚至是连自己都无法达到的一个标准。

一位哲学家在海边目睹一条船遇难。船上的水手和乘客全部溺死了。他痛骂上苍不公道，只因为一位罪犯正好乘坐这条船，竟然让众多的无辜者受害。

当哲学家正陷入这种苦恼之际，他发觉自己被一大群蚂蚁围住，原来他站的位置距离蚂蚁窝不远。这时，有一只蚂蚁爬到他身上并叮了他一口，他立刻用脚踩死所有的蚂蚁。

天神在这个时候现身，并用他的拐杖敲着哲学家的脑袋说："你既然以类似上苍的方式对待那些可怜的蚂蚁，难道你还有资格去批判上苍的行为吗？”

故事中的哲学家显然是一个“严于律人，宽于待己”的典范。每个人的个性、特点不同，任何时候都不要以自己的标准苛求他人，求大同存小异，才是为人处世的智慧所在。英国有一句谚语说得好：“要想知道别人的鞋子合不合脚，穿上别人的鞋子走一英里。”对别人的要求与标准降一点，再降一点，用孔子说的“薄责于人”的标准，一切都会变得圆满很多。

与此同时，我们还需将注意力从别人转回到自己的身上，不断反省自己、优化自我，使自己尽可能地成为受他人喜爱的人。

一个有经验的推销员懂得对自己能否成功推销产品的担心会给心理造成障碍，这样会影响他适当地介绍他的产品。通用制造公司的董事长哈瑞·布利斯在大学期间靠推销缝纫机为生，他总结说：要想在推销员这个岗位上取得成功，就要忽略自己渴望销售出去的数量，而应该集中心思向客户介绍自己能提供什么样的服务。

如果一个人将精力用在为他人服务上，就会变得充满难以抗拒的力量。你怎么会拒绝一个企图帮你解决问题的人呢？

“我对推销员们说，”布利斯先生说，“如果他们一天到晚想的都是‘我今天要尽力多帮助一些人’而不是‘我今天要尽力多卖出一些产品’的话，就会发现接近买主不是那么困难了，然后销售业绩会出奇的好。能够帮助同胞获取快乐、轻松生活的人，是最高级的推销员。”

作家荷马·柯罗伊是很有人缘。和他接触过的每一个人——不论是清洁工还是百万富翁，不管男人、女人还是小孩——在与他在一起待15分钟之后都会感受到一种温情。因为他们都感到荷马·柯罗伊能让人迅速知道他是喜欢他们的。

小孩子都喜欢跟他亲近，朋友家的佣人愿意极力为他施展厨艺。如果主人说：“荷马·柯罗伊要来！”就没有人会感觉不快。而回到家里，荷马·柯罗伊也深受他太太、女儿和孙子的爱戴。

他如此受欢迎的秘诀说起来很简单——那就是真诚地爱别人。这个人是什么身份、做什么工作与他的哲学无关，他们属于人类这个事实本身已经足够。每次与一个陌生人相遇，他都能立即就结交上，不是靠标榜自己，而是靠询问那个人的一切——那些听起来很琐碎的问题。他并非琐碎的人，而是因为他确实对每一位新结识的人都感兴趣，真心想了解他们。

渴望得到别人的赞美、追求、重视，是人与生俱来的一种特性。它促使人不停的奋斗，在别人的赞赏中得到自重感。但是，我们大部分人所想的都是有关荣耀的报偿，而不是如何努力去赢得这份荣耀。

要想赢得别人的友谊或感情，就要尽可能避免怪罪他人，多多反省自己，用心去改善自己，增进能让别人喜欢你的优良特点。毕竟，人的真正对手不是别人而是自己，只有通过战胜自己才能战胜世界。

Part 7
不必嫉妒，你不知道别人生活的全部

清理人生的暗角，自己拯救自己

不必为了第一名而拼命奔跑

唐代诗人王梵志写过一首打油诗：“他人骑大马，我独跨驴子。回顾担柴汉，心下较些子。”意思是：看到别人骑大马，自己只能跨一头瘦驴子，不免有一些难过。不过，回头一看，看到一个弯着腰流着汗的汉子，挑着一担柴去集市卖，于是他马上就释然了。

从小到大，我们总是被有意无意地灌输着“比较”意识：读书时，比较谁的成绩更好，谁的能力更高；工作时，比较谁的职位更高，谁的收入更多；成家后，比较谁的伴侣条件更优越，谁的孩子更乖巧；退休后，比较谁的日子更惬意，谁的儿女更孝顺……人们把鲜花和掌声送给胜利者，却把冷漠和鄙夷投向失败者。所以，越来越多的人努力向上攀爬，想要占据生活的最高点。我们就像是比赛场上的参赛者，时时刻刻都处于比赛的氛围中，为着争夺更好的名次，尤其是第一名而全速奔跑，直至用尽全力。

然而，俗话说，“人外有人，天外有天”， 不管我们怎么努力，都不能成为最好的一个。如果只是一味地想要追求最好的，难免会因为目标无法达到而开始变得沉闷，生活也渐渐地失去了原来的快乐和幸福。

热播剧《奋斗》里的杨晓云就是一个喜欢比较的女孩，她没有夏琳漂亮，所以总是想做出什么轰动的事情来引起别人的注意。她没有好朋友米莱有钱，她的老公向南也没有夏琳的男朋友陆涛有钱，所以在看到陆涛给夏琳买订婚戒指的商场里，她借着自己的嫉妒劲扇老公的巴掌。她曾尝试过各种方式激励自己的老公，想让向南能和陆涛一样可以赚大钱，甚至不惜用离婚来逼迫向南努力拼搏，差点把深爱的老公逼走，从此丢掉幸福。

杨晓云本是一个清纯可爱的女孩，可是就因为总是与人比较，想做更好的那一个而经常让别人看笑话。其实生活就是这样的，仰头看星星，一次两次会觉得很美，但是时间久了，次数多了，就会成为一种负担。所以，总是向上看，与本来就比自己有优势的人相比，迟早会弄得自己身心疲惫，伤痕累累。

有人说，我只过我自己的生活，不会跟任何人比较。这样的观点似乎很难实现，即使我们不想跟别人比较，也会看见别人的好与坏。但是，如果总是关注于别人精彩的部分，就会一直关注自己的不足，从而会产生一种自卑心理，觉得自己什么都不如别人，因而备受打击。所以，我们每个人都应该有一个比较切合自己实际的自我期望值，要承认人是有差异的，你不可能什么都比别人强，既要看到自己的优势，也要承认自己的不足。要允许自己在某些方面不如别人。“比上不足，比下有余”，只要自己尽力了，就不要因为没有达到既定的目标而有过多的自责。这样，你的心里肯定可以宽慰许多。

网络上有一幅比较流行的漫画：一个漂亮的女孩子，觉得自己过得很不幸，有一天她真的决定跳楼自杀。身体慢慢往下坠，她看到了十楼以恩爱著称的夫妇正在互殴，看到了九楼平时里看起来十分坚强的Peter正在偷偷哭泣，八楼的阿妹发现未婚夫跟最好的朋友在床上，七楼的丹丹在吃她的抗抑郁症药，六楼失业的阿喜还是每天买7份报纸找工作，五楼受人尊敬的王老师正在偷穿老婆的内衣，四楼的Rose又要和男友闹分手，三楼的阿伯每天盼望有人拜访他，二楼的莉莉还在看她那结婚半年就失踪的老公照片。

在她跳下之前，她以为自己是世上最倒霉的人。而此刻她才知道每个人都有各自不为人知的困境。她看完他们之后深深地觉得其实自己过得还不错，可是已经晚了。当她掉在楼下的地上时，楼上所有不幸的人同时感慨：原来自己的生活还是美好的，因为还有人比他们更不幸。

这幅漫画很真实地反应了我们生活中许多人的想法，我们每每羡慕别人的生活是如何的美好，总觉得自己是最不幸的那一个，而实际上并不是这样的，每个人的生活中是会出现别人所没有的各种各样的困难，只是人们面对困难的心态是不同的。

俗话说，人生失意无南北，宫殿里也会有悲恸，茅屋里同样也会有笑声。平时生活中无论是别人展示的，还是我们关注的，总是风光的一面，得意的一面，就像女人的脸，出门的时候个个都涂

脂抹粉，光艳亮丽，全是给别人看的。回家以后，一个个都素脸朝天。于是，站在城里，向往城外，而一旦走出了围城，就会发现生活其实都是一样的，你眼中的他人的快乐，并非真实生活的全部。有许多我们一直很在意的东西，在别人看来也许根本就不算什么。

所以，我们根本就没必要将自己的眼光一直投放到别人的生活上，永远不要眼红那些看上去幸福的人，不要再去羡慕别人如何如何，好好数数上天给你的恩典，会发现自己所拥有的绝对比没有的要多出许多，而缺失的那一部分，虽不可爱，却也是你生命的一部分，接受它且善待它，你的人生会快乐豁达许多。

与其嫉妒，不如超越自己

法国作家拉罗什富科曾说：“具有某些伟大品质的人的最可靠标志是生来就没有嫉妒。”每一个专注事业的人，是没有工夫去嫉妒别人的，而凡是好嫉妒的人常常不能把精力集中到自己的生活中，而是投入到一些与自己的生活与工作无关紧要的小事中：比如这个人的生活作风啦，比如这个人的学识啦，比如这个人的穿衣戴帽啦，甚至这个人脸上的几颗雀斑、头上的一根白发，一旦被这些人发现了，他们也会为此而兴奋不已，并且会故作大惊小怪地议论纷纷……嫉妒的人是在不断地对别人的打击中寻找乐趣，以求内心平衡，而他们自己的生活却因此而搞得一团糟。

但嫉妒并非一无是处，它是一种很正常的情感。看见自己很想做的事，别人可以轻易就完成，因而出现嫉妒的情绪，这纯属正常且不至于造成别人的困扰。只是，如果你只是一味地嫉妒，让人生充斥着不满的情绪，就无法享有快乐的生活。但是如果运用得当，嫉妒也可以成为促进我们不断奋进的动力，使我们在人生的道路上，一步步走向更高的目标。

在读高中毕业班时，约翰·罗斯是最受老师宠爱的学生。他的英文老师朱丽小姐，年轻漂亮，富有吸引力，是校园里最受学生欢迎的老师。同学们都知道约翰深得朱丽小姐的青睐，他们在背后笑他说，约翰将来若不成为一个人物，朱丽小姐是不会原谅他的。

在毕业典礼上，当约翰走上台去领取毕业证书时，受人爱戴的朱

丽小姐站起身来，当众吻了一下约翰，向他来了个出人意料的祝贺。当时，人们本以为会发生哄笑、骚动，结果却是一片静默和沮丧。

许多毕业生，尤其是男孩子们，对朱丽小姐这样不怕难为情地公开表示自己的偏爱感到愤恨。不错，约翰作为学生代表在毕业典礼上致告别词，也曾担任过学生年刊的主编，还曾是“老师的宝贝”，但这就足以使他获得如此之高的荣耀吗？典礼过后，有几个男生包围了朱丽小姐，为首的一个质问她为什么如此明显地冷落别的学生。

“约翰是靠自己的努力赢得了我特别的赏识，如果你们有出色的表现，我也会吻你们的。”朱丽小姐微笑着说。男孩们得到了些安慰，约翰却感到了更大的压力。他已经引起了别人的嫉妒，并成为少数学生攻击的目标。他决心毕业后一定要用自己的行动证明自己值得朱丽小姐报之一吻。毕业之后的几年内，他异常勤奋，先进入了报界，后来终于大有作为，被杜鲁门总统亲自任命为白宫负责出版事务的首席秘书。

当然，约翰被挑选担任这一职务也并非偶然。原来，在毕业典礼后带领男生包围朱丽小姐，并告诉她自己感到受冷落的那个男孩子正是杜鲁门本人。

约翰就职后的第一件事，就是接通朱丽小姐的电话，向她转述美国总统的问话：“您还记得我未曾获得的那个吻吗？我现在所做的能够得到您的评价吗？”

可以想象，未获得那个吻的杜鲁门在毕业之后付出了多大的努力。面对约翰这样一位优秀的同学，面对朱丽小姐不太公平的对待，杜鲁门虽心有不满，并且也存在一定程度的嫉妒心理，但他并未任由嫉妒蔓延。相反，他将其转化为自己进步的动力，督促自己在未来的道路上不断超越自己，最终成为了美国的国家元首。

发明家马克西姆曾说：“人们想从别人那儿获得的，不外是两种意见：一是‘颂扬’，一是‘亲爱’。然而立身处世，要把颂扬抛开，让别人对你亲爱。因为一经颂扬，就有人嫉妒，嫉妒便造成仇恨了。”为了避免这种可怕的嫉妒扰乱人们的正常生活，就要把它加以消除。想要像杜鲁门一样消除嫉妒，其实并没有想象中那么难。

首先要正确地认识自我，评价别人。要接纳自己，认识自己的优点与长处，也要正确地评价、理解和欣赏别人。在因为嫉妒心理而给自己的精神带来一些烦恼与不安时，不妨冷静地分析一下嫉妒的不良作用，同时正确地评价一下自己，从而找出一定的差距，做到“自知之明”。其次要学会正确地比较方法。要辩证地看待自己和别人，要善于发现和学习对方的长处，纠正和克服自己的短处，而不是以自己之长比别人之短。

第三要充实自己的生活，寻找新的自我价值，使原先不能满足的欲望得到补偿。这会在一定程度上补偿先前没满足的欲望，缩小与嫉妒对象的差距，从而达到减弱以至消除嫉妒心理的目的。

最后也是最关键的，就是要化嫉妒为动力。不管是在学校，还是在工作单位，每个人都要在具有竞争的环境中客观地对待自己。不要把比自己优秀的同学或同事当成与自己有竞争关系的对手，要当成自己前进的动力，必将促进自己在各方面达到一个更高的境界。

低姿态消融他人嫉妒的壁垒

在秦始皇陵兵马俑博物馆，有一尊被称为“镇馆之宝”的跪射俑。它被誉为兵马俑中的精华，中国古代雕塑艺术的杰作。它左腿蹲曲，右膝跪地，右足竖起，足尖抵地。上身微左侧，双目炯炯，凝视左前方。两手在身体右侧一上一下作持弓弩状。

在至今出土的1 000多尊秦兵马陶俑中，这尊跪射俑是保存最完整的，仔细观察，就连衣纹、发丝都还清晰可见。而其他陶俑皆有不同程度的损坏，需要人工修复。这究竟为什么呢？

专家告诉我们，这得益于它的低姿态。首先，跪射俑身高只有1.2米，而普通立姿兵马俑的身高都在1.8至1.97米之间。天塌下来有高个子顶着，兵马俑坑都是地下坑道式土木结构建筑，当棚顶塌陷、土木俱下时，高大的立姿俑首当其冲，低姿的跪射俑受损害就小一些。其次，跪射俑作蹲跪姿，右膝、右足、左足三个支点呈等腰三角形支撑着上体，重心在下，增强了稳定性。

古人云：“木秀于林，风必摧之。”跪射俑之所以能保存得最完整，主要是因为它的低姿态。就一般中国人而言，总是愿意大家彼此差不多，你好我也好，否则就会是“枪打出头鸟”。在日常工作中，因为有特殊才能或特殊贡献而冒尖的人，往往容易成为受打击的对象。谁在哪一方面出人头地，便会受到人们的攻击、嘲讽、指责；更有甚者，由于嫉妒心重还可能给你使绊子，让你生活在一种无形的压力之下，时时处处都有障碍，让你人做不好，事干不成。莎士比亚就曾经说过：“妒妇的长舌比疯狗的牙齿更毒。”一个人如果事事都备受瞩目的话，极有可能由此而引来嫉妒者的小动作。

如果我们不能有效化解别人对自己的嫉妒，很可能会在不知不觉中失去本该属于自己的天空，所以必要的时候低一下头，给别人的嫉妒心留出点空间，是你不得不做出的让步。就像培根所说的那样：“真正的聪明人倒宁可给人类的嫉妒心留下点余地，有意识让别人在无关紧要的事情上占自己的上风。”

解缙是明初著名才子，明太祖朱元璋特别欣赏他的才能，十分宠信他。解缙自负才高，敢言人所不敢言。他给朱元璋上了一封万言书，指出朱元璋“御下严苛”、滥诛大臣、以喜怒为赏罚等诸多毛病，又首次提出分封亲王的权力过大，恐后世会危及朝廷。这些朱元璋的大忌，前前后后群臣在奏章中哪怕有暗示、隐喻，都会被严刑处死，甚至灭族。解缙尽言无隐，朱元璋却体谅他的忠心，也不怪罪，对左右侍臣连声夸赞解缙“高才”。

明初宰相李善长因受胡惟庸谋反一案牵连，被朱元璋借“星变”之名杀死，举朝无人敢言其冤。解缙却想为李善长鸣不平，便和工部侍郎王国缙一道草疏呈上。

朱元璋看罢奏章后大怒，本想重惩王国缙，后来知道奏章出自解缙之手，只好置之不理，却也怕解缙再闹下去，令他无法收拾，便让解缙的父亲把他领回家，再读书十年，然后再回朝做官。

解缙回家乡读书若干年后，明成祖朱棣起兵燕京，攻取南京。解缙率先到宫中朝拜朱棣，朱棣早闻解缙的才名，马上重用，让他和杨荣、杨士奇、胡广、黄淮、金幼孜、胡俨等人组成内阁，充当自己的顾问，而以解缙为主，这就是明朝内阁制度的由来，解缙便是明朝内阁的第一任首辅。

深得朱棣赏识的解缙，又犯了老毛病，放言无忌，无事不敢为。

一次，朱棣在一张纸上写了几位朝廷大臣的名字，让解缙品评其短长。解缙直言无所隐，把这些人的毛病揭示得淋漓尽致。这些大臣知道后，恨解缙入骨，一有机会便在朱棣面前指摘解缙的过失。久而久之，朱棣也对解缙起了疑心。

随后，解缙又在“易储”风波中死保太子，朱棣虽迫于群臣的压力，最终没有更换太子，但因此迁怒于解缙。朱棣的二儿子朱高煦因没当上太子，更是天天想找机会置解缙于死地。一次，朱高煦诬陷解缙向外泄露宫廷中的秘密，朱棣直接把解缙贬官为广西布政司参议。

永乐八年，解缙从广西回京述职，朱棣正领兵出塞攻打蒙古，解缙没见到朱棣，便向当时监国留守京师的太子禀报事情，然后就回广西了。朱高煦知道后，便诬陷解缙趁皇上不在时，私自朝见太子，图谋不轨。朱棣因此大怒，将他投入监狱拷问，后命锦衣卫将解缙处死在狱中。

聪明是好事，但是只要让别人知道你比他聪明就变成了坏事。拿破仑曾经说：“有才能往往比没有才能更有危险；人们不可能避免遇到轻蔑，却更难不变成嫉妒的对象。”真正聪明的人懂得以低姿态为自己筑起一座防止嫉妒的有效堤防，以此来化解别人的嫉妒。这不仅是一种灵活，更是一种内涵和宽容，它可以消融人和人之间的壁垒，让你的成就在嫉妒的布景中得到映衬。

嫉妒是妨碍你获取前进力量的最大阻力

不要让嫉妒的毒蛇钻进你的心里，毁坏你的心灵

嫉妒作为人类的弱点，几乎人人都有，这是人性中残存的动物性的一面。据研究者说，许多动物都有嫉妒的本性，比如一只狼会把比它多抢了猎物的同类咬死。一个杂技团驯兽员曾说，一只叫“丽娘”的小狗看到驯兽员接触一只叫“艾玛”的小狗较多时，它竟然嫉妒地把“艾玛”咬死了。

虽然嫉妒是人普遍存在的也可以说是天生的缺点，但我们绝不

可因此而忽视它的危害性，特别是当嫉妒已经发展到很严重的地步时，内心产生的怨恨越积越多，时间久了会形成心理问题，对健康造成极大的伤害。

西文有一句谚语：“好嫉妒的人会因为邻居的身体发福而越发憔悴。”所以，好嫉妒的人总是40岁的脸上就写满50岁的沧桑，嫉妒不仅会影响到我们的健康与生活，更重要的是，嫉妒会影响到我们的工作心情。

在社会中，嫉妒常常是当自己的才能、名誉、地位或境遇被他人超越，或彼此距离缩短时所产生的一种由羞愧、愤怒、怨恨等组成的多种情绪体验，它带有明显的敌意，甚至会产生攻击诋毁他人的行为，不但危害他人，给人际关系造成极大的障碍，最终还会摧毁自身。所带来的后果是严重的，它阻断了人与人之间的正常交流，更不用提合作共赢了，连沟通都成了问题。

莎士比亚在《奥赛罗》中说：“嫉妒是绿眼妖魔，谁做了它的俘虏，谁就要受到它的愚弄。”嫉妒是痛苦的制造者，在各种心理问题中是对人伤害最严重的，可以称得上是心灵上的恶性肿瘤。它又像是一条奇毒无比的蛇，只要被它轻轻地咬上一口，人的心灵瞬间便会被侵蚀，对自己、对他人，都会是一场灾难，甚至可能因此而造成无法弥补的过错。

有这样一件真实的故事：对信阳山3581高级中学三年级1班409寝室的女生而言，2003年1月21日那个凌晨，无疑是一场噩梦。一声惨叫声打破了黑夜的宁静。女生张静被人泼硫酸而毁容。实际上当晚是因为同班的同学马娟嫉妒同学晶晶比较聪明，学习成绩比她好，马上又有一轮考试，为了耽搁一下晶晶的时间，影响她的学习，于是她选择了泼硫酸的方式，但没想到却泼错了人。由于造成了张静的严重残疾和晶晶的轻微受伤，法院判处马娟死刑，并剥夺政治权利终身。

嫉妒就是拿别人的优点来折磨自己：泛化了的嫉妒是一种病态，表现为人格的偏离。具有病态的嫉妒的人格偏离往往会出现妄想症状，最后发展为偏执型精神病或精神分裂症。同时，由于人格偏离，心存嫉妒的人常常不信任别人，好归罪于他人，这必须会影

响个体的人际关系和社会职能。所以我们没必要总是活在嫉妒别人的阴影里。很多时候，我们需要给自己的生命留一点空隙，就像两辆车之间的安全距离——一点缓冲的余地，可以随时调整自己，转身面向阳光。

当代学者、作家余秋雨在《关于嫉妒》中写道：

我们正在进入一个特殊的阶段：旧式的嫉妒已构不成力量，新式的嫉妒尚未获得资格。这样的历史阶段，对于群体心理的重构至关重要。很多年前读雨果夫人关于法国大革命前后巴黎社会心理的回忆，感触很深，那也是一个破旧立新两未靠岸的奇异时期，什么怪事都会发生。仅仅为了雨果那部并不太重要的戏剧作品《欧那尼》，法国文坛一切不愿意看到民众向雨果欢呼、更不愿意自己在新兴文学前失去身份的人们全都联合起来了，好几家报刊每期都在嘲讽雨果欠缺学问、违反常识、背离古典、刻意媚俗，在嘲讽的同时又散布大量谣言，编造种种事端。有的评论家预测了作品的惨败，有的权威则发誓决不去观看演出。待到首演那天，这些人抵挡不住心痒还是去了，坐在观众席里假装只想看报纸不想看舞台，但又不时地发出笑声、嘘声来捣乱，也算是与雨果打擂台。

对嫉妒来说，人们对它的无视，比人们对它的争辩更加致命。尽管当时也有一些人为了对雨果的评价发生了决斗，但对嫉妒者最残酷的景象是：广大民众似乎完全没有把他们的诽谤放在眼里，《欧那尼》长久火爆，直到因女主角累病而停演。

更有趣的是，八年后，《欧那尼》复演，全场已是一片神圣的安静。散场后雨果夫人在人群中听到一段对话，首先开口的那一位显然是八年前的嫉妒者，他说："这不奇怪，雨果先生把他的剧本全改了。"

他身边的一位先生告诉他："不，剧本一字未改。被雨果先生改了的，不是剧本，是观众。"

这就是说，当年激烈的嫉妒者在不知不觉中被雨果同化了。他很想继续嫉妒，带着敌意来到剧场，但是再也无法与雨果建立敌对关系。这便是最深刻意义上的社会变革。

人生在世，一定要有一颗平和的心，切不可心怀嫉妒，要学会适时降伏嫉妒魔，要平静地看待别人所取得的成功，保持一颗清凉心，这是拥有幸福人生的秘诀。

心头装着嫉恨，眼里看到的就全是黑暗

黑格尔说："嫉妒乃平庸的情调对于卓越才能的反感。"嫉妒有三个心理活动阶段：嫉羡——嫉优——嫉恨。这三个阶段都有嫉妒的成分，而且是从少到多。嫉羡中羡慕为主，嫉妒为辅；嫉优中嫉妒的成分增多，已经到了怕别人威胁自己的地步了；嫉恨则把嫉妒之火已熊熊燃烧到了难以消除的地步。这把嫉恨之火，没有燃向别人，而是炙烤着自己的心，使自己没有片刻宁静，于是便绞尽脑汁去想方设法诋毁别人，这就使他形神两亏了。嫉妒实质上是用别人的成绩进行自我折磨，别人并不因此有何逊色，自己却因此痛苦不堪，有的甚至采用极端行为走向犯罪深渊。据某公安部门调查，每年因嫉妒造成犯罪案件的占整个刑事案件的10%。

一些人之所以嫉妒别人，一个重要的原因是自己不求上进，又怕别人超过自己，似乎别人成功了就意味着自己失败，最好大家都成矮子才显出自己高大。于是，"事修而谤兴，德高而毁来"；"怠者不能修，而忌者畏人修"；"我不学好，你也别学好，我当穷光蛋，你也得 喝凉水"。这是一种十分有害的腐蚀剂，这些人的骨子里充满了"怠"与"忌"，无论对己、对社会、对国家的发展都是十分有害的，正如荀子所说："士有妒友，则贤交不亲；君有妒臣，则贤人不至"。一个被嫉妒心支配的人，一定是胸无大志、目光短浅、不求上进的人，如果凭借自己的力量有没有办法阻止或者破坏的时候，他们会铤而走险，不惜任何代价来摘除令他们嫉妒之处。

俗话说，远亲不如近邻。某乡村间的两家人，表面上相处得很好，但是其中一家男主人表面上对另一家新购置的房产欢欣鼓舞，或者儿子考上大学击掌庆贺，但是，一回到自己家里，就完全换了一个人似的，嘴里总是念念叨叨地说：凭什么他这么有钱，凭什么他的儿子就能上大学，而我什么都没有呢？他在心里暗暗诅咒，盼望他的邻居倒霉：或盼望邻居家着火，或盼望邻居得什么不治之症，或盼望下雨天雷能窜进邻居家劈死一两个人，或盼望邻居的儿

子夭折……

然而，事情并不像他期望的那样，邻居总是活得好好的，并且微笑着和他打招呼。这样一来，他的心里就更加不痛快，恨不得给邻居的院里扔包炸药，把邻居炸死，但又怕偿命。就这样，他每天折磨自己，身体日渐消瘦，胸中就像堵了一块石头，吃不下也睡不着。

终于有一天，他决定给邻居制造点晦气，这天晚上他在花圈店里买了一个花圈，偷偷地给邻居家送去。当他走到邻居家门口时，听到里面有人在哭，此时邻居正好从屋里走出来，看到他送来一个花圈，忙说：“这么快就过来了，谢谢！谢谢！”原来邻居的父亲刚刚去世。他顿觉无趣，“嗯”了两声，便走了出来。回到家里后，他越想越气愤，本想送个花圈气气邻居的，不料不但没有达到目的，反而把自己陷进去，让别人捞了“好处”。

终于，他又等来了一个机会。上帝说：现在我可以满足你任何一个愿望，但前提就是你的邻居会得到双份的报酬。那个人高兴不已。但他细心一想：如果我得到一份田产，邻居就会得到两份田产；如果我要一箱金子，那邻居就会得到两箱金子；更要命就是如果我要一个绝色美女，那么那个家伙就同时会得到两个绝色美女……他想来想去实在不甘心被邻居白占便宜，所以总也决定不了提出什么要求才好。最后，他一咬牙，对上帝说：“你挖我一只眼珠吧。”

为了满足自己的嫉妒心，他竟然提出了挖一只眼珠的要求，只为了邻居能得到双份——被挖掉两只眼珠。其实，早在上帝满足他挖掉一只眼珠的要求之前，他的双眼早已被嫉妒蒙蔽了，眼前所见的只有黑暗。

弗朗西斯·培根说过：“犹如毁掉麦子一样，嫉妒这恶魔总是在暗地里，悄悄地毁掉人间美好的东西！”嫉妒犹如毒素，其毒让人走火入魔。一旦嫉妒侵入到了一个人的心里，这个人便开始补救别人遭遇灾难，甚至不惜用自己的双手去破坏别人的生活，使其陷入灾难之中。

所谓魔道由心而生，天堂和地狱只在一念之间。如果想调适自我，把嫉妒变成竞争的动力，首先要把注意力调节到自身的优势和对方的劣势上。当你嫉妒别人时，总是因为他在某些方面的优势深深地刺激了你，而你自己在这方面又恰恰处于劣势。如果能有意识地调节自己注意的中心，把更多的精力投入到不断提高与完善自我上面，心理的暖阳必然能重新照入嫉妒者的心中。

一切恶念，对于自己和他人都是地狱

互谅互让，我们的人生才会精进

曾有人问商界小巨人李泽楷："你父亲教了你一些怎样成功赚钱的秘诀？"李泽楷说赚钱的方法他父亲什么也没有教，只教了他一些为人的道理。李嘉诚曾经这样跟李泽楷说，他和别人合作，假如他拿七分合理，八分也可以，那他拿六分就可以了。李嘉诚的意思也就是说：他总是愿让别人多赚二分。所以每个人都知道，和李嘉诚合作会赚到便宜，因此更多的人愿意和他合作。试想一下，虽然他只拿了六分，但现在多了100个人，他现在多拿多少分？假如拿八分的话，100个会变成5个，结果是亏是赚可想而知。

在生活中，人们对处处抢先占小便宜的人一般没有什么好感，反而对其处处设防，这样，就更吃了大亏吗？从另一方面来说，爱占小便宜的人，心情经常会处于比较恶劣的状态，因为你很爱占小便宜，日久天长，便宜不会有让你占尽的时候，你就会觉得自己总在吃亏，心中就会积存不满和愤怒，这对自己也会是很大的伤害。再有，太多计较小利的人绝不会有什么出息，因为你的眼光都集中到收集和占有眼前的每一点微小的利益，它势必影响你向远处看、向高处看，去获取大的成功和利益。

有句话说得好：大其心能容天下之物，虚其心能受天下之善，平其心能论天下之事，廉其心能观天下之理，定其心能应天下之变。人有一分器量，便有一分气质；人有一分气质，便多一分人缘；多一分人缘，必然多一分事业。懂得宽容别人，自己的性情也就有了转折的余地，生活中，无论遭遇什么样的人和事，都不至于怒发冲冠、委屈痛苦。对别人是这样，对自己亦然，要学会宽待自

己。也就是说在逆境中，要懂得释怀。要想成大事，先学会宽容。

清朝乾隆年间，郑板桥正在外地做官。忽然有一天，收到在老家务农的弟弟郑墨的一封来信。老弟兄俩经常通信，然而这一次却非同寻常。原来弟弟想让哥哥出面，到当地县令那里说说情。这一下子弄得郑板桥很不自在。这郑墨粗识文墨，原也不是个好惹是生非之徒，只是这次明显受人欺侮，心里的怨恨实在咽不下去。原来，郑家与邻居的房屋共用一墙。郑家想翻修老屋，邻居出来干预，说那堵墙是他们祖上传下来的，不是郑家的，郑家无权折掉。其实，这契约上写得明明白白，那堵墙是郑家的，邻居借光盖了房子。这官司打到县里，尚无结果，双方都难免求人说情。郑墨自然想到了做官的哥哥，想来有契约在，再加上哥哥出面说情，官官相护嘛，这官司就必赢无疑了。郑板桥考虑再三，给弟弟写了一封劝他息事宁人的信，同时寄去了一个条幅，上写“吃亏是福”四个大字。同时又给弟弟另附了一首打油诗：

千里告状只为墙，让他一墙又何妨；

万里长城今犹在，不见当年秦始皇。

郑墨接到信，羞愧难当，当即撤了诉状，向邻居表示不再相争。那邻居也被郑氏兄弟的一片至诚所感动，表示也不愿继续闹下去。于是两家重归于好，仍然共用一墙。这在当地一直传为佳话。

四川青城山有一副很有名的对联：“事在人为，休言万般皆是命；境由心造，退后一步自然宽。”自古以来，宽厚的品德、宽容的性格就为世人所称颂，心胸狭窄被认为是一种缺陷。

所谓宽容的性格就是以宽阔的胸怀和包容的心，去面对人和事。宽容本身包含着谦逊。古人说，满招损，谦受益。只有具备海纳百川，有容乃大的宽容性格，我们才能学习他人的长处，弥补自己的短处，充实、拓展、成就自我。宽容不仅是一种与人和谐相处的素质，一种每个时代所崇尚的美好品德，更是吸纳他人长处充实自我价值的良好思维品质。

很多时候，吃点小亏对你自己的利益其实不会有什么损失。人心是一杆秤，如果你能使自己做到不斤斤计较，对别人不过分苛求，待人宽厚，你周围的人就会信赖你、尊重你，你就会有一个宽松而和谐的生活氛围，时时有很快乐的感觉。

《易经》说，地势坤，君子以厚德载物。说明一个人在做人做事方面应该顺应自然，胸怀博大，宽以待人。一个人的能力是有限的，但心胸开阔、宽容待人就能得到别人的尊重和爱戴，别人也就会努力工作，尽心为你效劳。要想做一个能成大事的人，必需具备一颗宽容之心。一个人要想成功，只有处处多为别人着想，宽容别人，才会得到更多的人理解和支持，梦想才会更容易实现，人生才更容易精进。

嫉妒，是人心脆弱的体现

一群魔鬼到处引诱人，和上帝争夺灵魂。这时有一个修道士，对上帝十分诚实，道行很深。魔鬼们都下了赌注，看看谁能把他从上帝手中夺过来。于是魔鬼们轮番上阵，分别用名利、情欲、恐惧和死亡等来引诱、威胁这位修道士，但全都没有得逞，个个无功而返。

魔王听说了这件事，想显一显身手，就对这群魔鬼说："你们这些方法都太笨了，只能对付那些道行浅薄的人。退到一边去，看我怎样对付他！"

于是魔王走到那位修道士身边，修道士正在进行祷告，魔王在他耳边轻轻地说："你的同门师弟已经当上主教，你听说了没有？"

"呼"的一声，修道士手中的圣经掉到了地上，他那原本庄严肃穆的面容刹那间变了颜色，罩上了一层阴影。

魔王的诡计成功了，是因为它利用了人们普遍的一种心理——嫉妒。嫉妒往往来源于和他人的比较中，表示你对自己不满而羡慕别人，对自己不满就是羡慕他人的开始。一旦认为他人在某方面比自己强，便会时刻想着如何打击、诋毁他人，这样的人不可能专注于自己的事业，而是把所有的精力都放在关注他人的一举一动上。那个被他所嫉妒的对象就像一个长在他心头的刺，这个刺成了他生活的中心，他因此而无法掌控自己的人生方向。很显然，这是一种心理脆弱的表现。

嫉妒心强的人站在不如人的实力台阶上，仰视周围的人，他们自认为矮人一截，内心极度敏感，膨胀的自卑感中夹杂着一颗脆弱的自尊心。这种自尊往往是他们深度的自卑导致的。他人的言行就像一阵微风，如果你是一个强者，你就会像一株大树一样，微风拂过，对你没有什么影响；而嫉妒者就像是一株小草，微风拂过，也能让他们前俯后仰，方寸大乱。对别人一些无心的举动，一些随意的言谈，他们都很敏感，在心里形成挥之不去的阴影。所以很多时候他们对别人的怨恨是与别人的能力无关的，只是因为别人不经意伤害了他们，他们却无法释怀。他们只想着怎样让别人也受到更大的伤害，只有别人受到的伤害远胜于自己，他们才能感到一丝快感。

海涛是某名牌大学社会学专业大三的学生，刚上大学时，他凭借着热情大方、乐于助人的性格，与班上同学的关系非常融洽。可慢慢地，他产生了严重的不平衡心理。只要别的同学哪方面比他强，他就眼红；只要老师在同学面前表扬别的同学，他心里就酸溜溜的；他看见别的同学家境很好，不用勤工俭学就能过上很宽裕的生活，他心里也特别不平衡；他看见别的同学得了奖学金或被评为"三好学生"，就暗暗埋怨上天的不公。

海涛尤其看不惯与他来自同一所高中的一位老乡。原来两个人在高中时各方面都不相上下，上大学后，这个老乡的成绩越来越好，而且被选为班干部，海涛就更加妒火中烧了。于是他的注意力不在读书学习上，而是时刻注视着老乡的一举一动，妄图从中抓住把柄。他开始到处散布那位老乡的流言蜚语，甚至在竞选班干部时不知羞耻地搞小动作、拉选票，结果被同学们识破，唱票时只有他自己投了自己一票，搞得十分狼狈。

一计不成又生一计，在期末考试中，海涛知道凭自己的水平是拿不了高分的，于是、就采用夹带纸条的方式作弊。在最先的两门考试中，未被识破。在第三门考试中，正当他自鸣得意时被监考老师抓个正着。老师说："我早就注意你了，以为你会有所收敛，没想到你一而再、再而三地作弊，我再也不能容忍你的作弊行为了。"海涛当下便痛哭流涕地求监考老师手下留情，可是学校的制度是无情的。当天，学校教务处就做出了开除其学籍的处分决定。

海涛没想到自己的大学生活会是以被开除告终。他觉得无颜面对自己的父母。于是，他一个人背着简单的行囊去了另外一个陌生的城市。

嫉妒是来自地狱的一块“咝咝”作响的灼煤。它像一条蛆虫，蛀蚀和毁害着他人和自己。海涛就为此付出了极为惨痛的代价。

嫉妒往往有强烈的排他性，这种心理一旦出现，很快就会导致嫉妒行为的产生。而更强烈的嫉妒心理还有报复性，它把嫉妒对象作为发泄的目标，使其蒙受巨大的精神或肉体的损伤。如果不能直接通过某种嫉妒行为达到目的时，就可能会转而等着看嫉妒对象的“好事”，稍有一点挫折或失败出现在嫉妒对象身上时，他们便幸灾乐祸，鼓倒掌、喝倒彩，以此挖苦对方，满足日益膨胀的嫉妒心理需要。

嫉妒是危险的，嫉妒是可悲的，古希腊哲学家德谟克利特所说：“嫉妒的人常自寻烦恼，这是他自己的敌人。”与其说是别人的成功妨碍了他，倒不如说是他自己的关注点发生了偏离，自愿从生活轨道上滑落而自毁前程。

Part 8
接受不能改变的，让快乐砝码握在自己手上

人生本不公平，要习惯去接受

对困苦与挫折说“是”

人们都希望自己的生活中能够多一些快乐，少一些痛苦；多些顺利，少些挫折，可是命运却似乎总爱捉弄人、折磨人，总是给人以更多的失落、痛苦和挫折。现实的生活就像一座充斥着困境的围城。在这座围城中，很多人都对自己的生活充满了失望，认为生活中存在着各种各样的麻烦：目前从事的工作不是自己喜欢的，周围的同事可能不喜欢你，自己努力做好了每一件事但上司就是没有表彰的措施，而更为普遍的是对自己目前收入的抱怨……即使是那些已经拥有一番事业的成功人士也一样，他们也曾经为了自己不得不比别人更努力而抱怨连连。

困境与挫折既然没有办法逃避，那就只能打起精神正视。这也是在面对困境与挫折时，成功人士与普通人的区别。在困境面前，成功人士大都能调整自己的心态，把自己转换到乐观的想法中去。

在话剧界，有一位著名演员，叫做波尔赫特，她在世界戏剧舞台上活跃了50年之久。但当她71岁在巴黎时，却突然发现自己破产了。更糟糕的是，她在乘船横渡大西洋时，不小心摔了一跤，腿部伤势很严重，而且引发了静脉炎。

她的主治医师认为，必须把腿截去才能使她转危为安。可是，医生迟迟不敢把这个可怕的消息告诉波尔赫特，怕她忍受不了这个打击。

但事实出乎医生的意料。当他最后不得不把这个消息说出来时，波尔赫特注视着他，平静地说：“既然没有别的更好的办法，就这么办吧。”

手术那天，波尔赫特高声朗诵着戏里的一段台词，一副乐观的样子，有人问她是否在安慰自己，她的回答是：“不！我是在安慰医生和护士，他们太辛苦了。”

手术后，波尔赫特继续顽强地在世界各地演出，又在舞台上工作了7年。

英国著名哲学家罗素说过：“遇到不幸的威胁时，认真而仔细地考虑一下，最糟糕的情况可能是什么？正视这种不幸，找到充分的理由使自己相信，这毕竟不是那么可怕的灾难。这种理由总归是存在的，因为在最坏的情况下，在个人身上发生的一切决不会重要到影响世界的程度。你坚持面对最坏的可能性，怀着真诚的信心去对自己说：‘不管怎样，这没有太大的关系。’这样，经过一段时间以后，你会发现你的忧虑减少到一个非常小的程度。也许你需要把这个过程重复几次，但是到最后，如果你面对最坏的情况也不退缩，你的忧虑已经完全消失，取而代之的是一种喜悦的心情。”波尔赫特做到了。遭遇了严重的疾病困扰，波尔赫特没有逃避，没有怨天尤人，而是坦然乐观的面对，方才成就了她后来的辉煌。

人生在世，谁都会遇到困境，我们能否以乐观的心态来面对是至关重要的。而且适度的困境具有一定的积极意义，它可以帮助人们驱走惰性，促使人奋进，甚至在某些特殊的环境中显示出惊人的力量。

农夫有一个14岁的儿子，虽然还不到能考驾驶执照的年纪，但是由于自小便对汽车非常着迷，几乎已经可以操纵一辆车子了。为了能试着驾驶自己家里的车子，儿子都缠着农夫好长一段时间了。经不信软磨硬泡的农夫，终于答应儿子开家里的客货两用车，条件是不准开到外面的道路上。为了确保安全，农夫在谷仓前面注视着儿子驾驶那辆轻型卡车。突然之间，农夫眼看着车子翻到水沟里去了。他大为惊慌，急忙跑到出事地点。他看到沟里有水，而他的儿子被压在车子下面，只有头的一部分露在外面。

这位农夫并不高大，据说，他高170厘米，重70公斤。但是他毫不犹豫地跳进水沟，把双手伸到车下，把车子抬了起来，高度足以让另一位跑来援助的工人把失去知觉的孩子从下面拉出来。

当地的医生也很快赶来，给男孩检查了一遍，只有一点皮肉伤，其他毫无损伤。

事后回想起来，农夫觉得很奇怪，他去抬车子的时候根本没有想自己是不是抬得动。由于好奇，他又试了一次，结果根本就抬不动那车子。医生说这是奇迹，是身体机能对紧急状况产生反应时，肾上腺就大量分泌出激素，传到整个身体，产生出额外的力量。

不得不说，这是一个奇迹，父爱创造的奇迹。当看到自己的儿子身陷困境时，身为父亲的农夫完全忘记了自己有多大的能力，竟抬起了在平时他根本不可能抬得起的车子。可见，有些时候，困境与挫折也能带给我们超乎想象的“正能量”，正如培根所说：“超越自然的奇迹多是在对逆境的征服中出现的。”

另外，心理学研究认为，人们往往过分夸大了困境的严重性和不利因素。不少人往往过分夸大“形势危机”带来的潜在“惩罚”与“挫折”，他们用自己的想象力把事情小题大做，仿佛一个小小的困境，就是生死攸关的大事。

其实，微笑着面对困境，才是最明智的选择。因为微笑能让处于困境中的人心平气和，帮助人分析自己所处的环境，理清思路，找到走出困境的办法。所以，无论是阴云密布，还是电闪雷鸣，都记得要微笑着对困境和挫折说“是”。

一切操之在我

据说水清草美的昆仑山麓出产一种快乐果，凡是得到这种果的人，一定喜形于色，笑逐颜开，不知道烦恼为何物。

曾经有一个人，为了得到快乐，不惜跋山涉水，去找这种快乐果。他历尽千辛万苦，终于到了昆仑山麓，在险峻的山崖上，他找到了这种快乐果，可是却发现他并没有得到预想中的快乐，反而感到一种空虚和失落。

这天晚上，他在山上一位老人的屋中借宿，面对皎洁的月光，他发出了一声长长的叹息。

老人闻声而至，问他：“年轻人，什么事让你这样叹息呀？”

于是，他说出了心中的疑问：“我已经得到快乐果了，为什么没有得到快乐呢？”

老人一听就乐了，说：“其实，快乐果并非昆仑山才有，而是人人心中都有。只要你有快乐的根，无论走到天涯海角，都能够得到快乐。”

老人的话让年轻人顿觉精神一振，就又问：“什么是快乐的根呢？”

老人就说：“心就是快乐的根。”

其实，心不仅是快乐的根，也有所有情绪的根，喜怒哀乐无不由心而发。很多乐观的人都善于控制自己的情绪，让自己活在快乐之中。斯摩尔曾经说过：“做情绪的主人，驾驭和把握自己的方向，使你的生命按照自己的意图提供报酬。记住，你的心态是你——而且只是你——唯一能够完全掌握的东西，学着控制你的情绪，并且利用积极心态来调节情绪，超越自己，走向成功。”

换句话说，也就是操之在我。“操之在我”属于情商范畴的一个自我情绪管理技巧。它是指一个人要能够控制自己的情绪，不受制于人，不为环境因素所左右。操之在我的人是理智重于感情的人，不会让别人的行为伤害自己。

每个人都是有感情的，人的本能反应是感性的，只有通过思维才能达到理性。因此，要做到操之在我，是需要很高的境界的。做到一次、两次的操之在我并没有什么稀奇的，但是一个人如要能做到每次都能操之在我，并非易事。

成功学大师奥格·曼狄诺在《羊皮卷》中曾写过这样一段文字，对于我们学会如何管理情绪，大有裨益：

今天我要学会控制情绪。

潮起潮落，冬去春来，夏末秋至，日出日落，月圆月缺，雁来雁往，花飞花谢，草长瓜熟，自然界万物都在循环往复的变化中，我也不例外，情绪会时好时坏。

今天我要学会控制情绪。

这是大自然的玩笑，很少有人窥破天机。

每天我醒来时，不再有旧日的心情。昨日的快乐变成今日的哀愁，今日的悲伤又转为明日的喜悦。

我心中像有一只轮子不停地转着，由乐而悲，由悲而喜，由喜而忧。这就好比花儿的变化，今天绽放的喜悦也会变成凋谢时的绝望。但是我要记住，正如今天枯败的花儿蕴藏着明天新生的种子，今天的悲伤也预示着明天的欢乐。

今天我要学会控制情绪。

我怎样才能控制情绪，以使每天卓有成效呢？除非我心平气和，否则迎来的又将是失败的一天。

花草树木，随着气候的变化而生长，但是我为自己创造天气。

我要学会用自己的心灵弥补气候的不足。如果我为顾客带来风雨、忧郁、黑暗和悲观，那么他们也会报之以风雨、忧郁、黑暗和悲观，而他们什么也不会买。

相反地，如果我为顾客献上欢乐、喜悦、光明和笑声，他们也会报之以欢乐、喜悦、光明和笑声，我就能获得销售上的丰收，赚取成仓的金币。

今天我要学会控制情绪。

我怎样才能控制情绪，让每天充满幸福和欢乐？我要学会这个千古秘诀：弱者任思绪控制行为，强者让行为控制思绪。

每天醒来当我被悲伤、自怜、失败的情绪包围时，我就这样与之对抗：

沮丧时，我引亢高歌。

悲伤时，我开怀大笑。

病痛时，我加倍工作。

恐惧时，我勇往直前。

自卑时，我换上新装。

不安时，我提高嗓音。

穷困潦倒时，我想象未来的富有。

力不从心时，我回想过去的成功。

自轻自贱时，我想想自己的目标。

总之，今天我要学会控制自己的情绪。

从今往后，我明白了，只有低能者才会江郎才尽，我并非低能者，我必须不断对抗那些企图摧垮我的力量。

失望与悲伤一眼就会被识破，而其他许多敌人是不易觉察的。它们往往面带微笑，招手而来，却随时可能将我摧毁。对它们，我永远不能放松警惕。

自高自大时，我要追寻失败的记忆。

纵情享受时，我要记得挨饿的日子。

杨杨得意时，我要想想竞争的对手。

沾沾自喜时，不要忘了那忍辱的时刻。

自以为是时，看看自己能否让风住步。

腰缠万贯时，想想那些食不果腹的人。

骄傲自满时，要想到自己怯懦的时候。

不可一世时，让我抬头，仰望群星。

今天我要学会控制情绪。

有了这项新本领，我也更能体察别人的情绪变化。

我宽容怒气冲冲的人，因为他尚未懂得控制自己的情绪，就可以忍受他的指责与辱骂，因为我知道明天他会改变，重新变得随和。

我不再只凭一面之交来判断一个人，也不再因一时的怨恨与人绝交，今天不肯花一分钱购买金蓬马车的人，明天也许会用全部家当换取树苗。知道了这个秘密，我可以获得极大的财富。

今天我要学会控制自己的情绪。

我从此领悟了人类情绪变化的奥秘。对于自己千变万化的个性，我不再听之任之，我知道，只有积极主动地控制情绪，才能掌握自己的命运。我控制自己的命运，而我的命运就是成为世界上最伟大的推销员！

我成为自己的主人。

我由此而变得伟大。

别太在意，小事不妨装“糊涂”

“糊涂”是一种大智慧

有一年，“扬州八怪”之一郑板桥专程到山东莱州的云峰山观郑文公碑。由于看得过于投入，流连忘返，天黑了不得已借宿于山间茅屋。屋主为一鹤发老翁，自命“糊涂老人”，出语不俗。他的室中陈列了一块方桌般大小的砚台，石质细腻，镂刻精良，非常罕见。郑板桥对其十分叹赏，老人请郑板桥题字以便刻于砚背。郑板桥认为老人必有来历，便题写了“难得糊涂”四字，用了“康熙秀才雍正举人乾隆进士”的方印。

因砚台尚有许多空白，郑板桥建议老先生写一段跋语。老人便写下了：“得美石难，得顽石尤难，由美石而转入顽石更难。美于中，顽于外，藏野人之庐，不入宝贵之门也。”他用了一块方印，印上的字是“院试第一，乡试第二，殿试第三”。郑板桥一看，才知道老人是一位隐退的官员。有感于“糊涂老人”的命名，见砚背上还有空隙，郑板桥便也补写了一段话：“聪明难，糊涂尤难，由聪明而转入糊涂更难。放一著，退一步，当下安心，非图后来报也。”

一段佳话，一段趣谈，成就了一种智慧——糊涂经。“难得糊涂”四个字便也成了郑板桥最为著名的言论。

“难得糊涂”是心理环境免遭侵蚀的保护膜。在一些非原则性的问题上“糊涂”一下，无疑能提高心理承受力，避免不必要的精神痛楚和心理困惑。有这层保护膜，会使你处乱不惊，遇烦不忧，以恬淡平和的心境对待各种生活的紧张事件。

糊涂是一种心态，一种做人的智慧。世上许多事，只要内心明白即可，何必“一是一、二是二”的讲出来，变通一下，装装糊涂反而会过得更好。假如对生活中发生的每件事，都寻根究底，去问一个为什么，那实在既无好处，又无必要，而且败坏了生活的诗意。

某家政学校的最后一门课是《婚姻与经营和创意》，主讲老师是学校特地聘请的一位研究婚姻问题的教授。他走进教室，把随手携带的一叠图表挂在黑板上，然后，他掀开挂图，上面用毛笔写着一行字：

婚姻的成功取决于两点：一是找个好人；二是自己做一个好人。

“就这么简单，至于其他的秘诀，我认为如果不是江湖偏方，也至少是些老生常谈。”教授说。

这时台下嗡嗡作响，因为下面有许多学生是已婚人士。不一会儿，终于有一位三十多岁的女子站了起来，说：“如果这两条没有做到呢？”

教授翻开挂图的第二张，说：“那就变成4条了。”

一、容忍，帮助，帮助不好仍然容忍。

二、使容忍变成一种习惯。

三、在习惯中养成傻瓜的品性。

四、做傻瓜，并永远做下去。

教授还未把这4条念完，台下就喧哗起来，有的说不行，有的说这根本做不到。等大家静下来，教授说："如果这4条做不到，你又想有一个稳固的婚姻，那你就得做到以下16条。"

接着教授翻开第三张挂图。

一、不同时发脾气。

二、除非有紧急事件，否则不要大声吼叫。

三、争执时，让对方赢，

……

教授念完，有些人笑了，有些人则叹起气来。教授听了一会儿，说："如果大家对这16条感到失望的话，那你只有做好下面的256条了，总之，两个人相处的理论是一个几何级数理论，它总是在前面那个数字的基础上进行二次方。"

接着教授翻开挂图的第四页，这一页已不再是用毛笔书写，而是用钢笔，256条密密麻麻。教授说："婚姻到这一地步就已经很危险了。"这时台下响起了更强烈的喧哗声。

世间的很多事情，其实都如婚姻一般，可以很简单，只要不对事事刨根问底的话。世间的很多事情，其实也都如婚姻一般，可以很复杂，如果秉持的是一种过于较真的态度。与其过于理性地将生活过得疲累不堪，何不在无伤大雅的事情上装装糊涂，这样幸福才不会如流沙，在握得过紧的手中逐渐流失掉。

中国古人早就悟出了其中所包含的深刻哲理，故而有"大智若愚""吃亏是福"之名言流传后世。聪明的人能从吃亏中学到智慧，悟透人生。这是中国哲人所总结出来的一种人生观——它包括了愚笨者的智慧、柔弱者的力量，领略了生命含义的旷达和由吃亏退隐而带来的安稳与宁静。

"难得糊涂"是一种平和超然的心态，是一种人生智慧的哲学：它是一种经历，是唯有饱经风霜、人生坎坷的人才能深得的真

谛；它是一种气度，是超凡脱俗、胸襟坦荡、气宇轩昂、洒脱不羁、包容万象；它是一种境界，心中有大目标的人生，对枝节杂碎不屑一顾，只着眼大方向，为全局负责，能做中流砥柱；它还是一种智慧，是在纷繁变幻的世道中，能看透事物、看破人性，能知人间风云变幻、处事轻重缓急、四两拨千斤。

明白了此理，并能将其应用到日常生活中的人，幸福会追着他们走。

“视而不见”是一项处事修炼

在某小区门口的菜市场，有两个豆腐摊，一位是中年妇女，很精明的样子，斤斤计较，不肯吃一点亏，少一分钱也不卖；隔着不远，另一位是个二十多岁的小伙子，一副憨厚、朴实、傻傻的样子，他的豆腐不论斤，一元钱一块，用刀拉一块就得，而且保证比那位女摊主的一元二角一斤的豆腐分量还要足得多，既利索，又实在。于是人们都喜欢买小伙子的豆腐，一天能卖好多屉，而那位精明的女摊主一天最多卖一屉，有时还得剩下……

商务谈判有一句经典：会买卖的称赞对方，不会买卖的挑剔对方。小伙子的憨厚朴实，吃小亏而赢大利，正是摸准了顾客不在乎那一二角钱，需要的是卖主的信任和亲切感，从而赢得了众多的回头客，其总体收益可想而知；而那位精明的女摊主，只顾眼前利益，不懂顾客心理，舍不得、也不会以情感人，如果她不改变方式方法的话，就可能很快从这个市场消失。

人生其实不必太计较。太过斤斤计较的人，人们往往对其敬而远之。反而是那些难得糊涂的人，因为其忠厚而受人欢迎，做事一般也比较容易成功。尤其是遇到某些特殊情况时，“视而不见”更是能避免让自己陷入尴尬之中。

有个工厂的一位省劳动模范与本单位一个关系很好的同事，在私人交往中有2万元人民币的往来，发生了麻烦事，省劳模说是亲手交他的，同事说根本没有这回事。两人都说了些不好听的话，这事恰恰被厂长助理知道了。厂长助理知道了，不等于厂长知道了吗？要是厂长公开出面来处理，多难为情，两人都很紧张。

那位省劳模很爱面子，生怕张扬出去有失自己的身份；那位同事也很爱面子，张扬出去，肯定大家都会相信省劳模而不相信自己。的确，厂长助理很快就汇报了，并认为要认真处理，若是省劳模的问题，应该教育他，这是对他的爱护；若是那位同事的问题，更要教育，不能往省劳模脸上抹黑。但厂长认为，这不是什么了不起的问题，不需要厂长出面处理，况且情况还不清楚，不好去教育谁。因此，他装作根本不知道有这回事。与这两人会面、布置工作时都从不提及这件事，同过去一样表示信任。

后来，这件事两人慢慢弄清楚了，原来是一场误会：省劳模并没有把钱亲手交给那位同事，而是交给同事的儿子，他记错了；那位同事已收到儿子转交的2万元钱，但他错听为是另一个朋友还来的钱。厂长要是急于处理这件事，肯定要生出许多波折来。

“装作不知道”，就是指对别人的话装作没有听到或没有听清楚，以便避实就虚、猛然出击的处理问题的方式。它的特点是：说辩的锋芒主要不在于传递何种信息，而是通过打击、转移对方的说辩兴致使之无法继续设置窘迫局面，化干戈为玉帛，能够寓辩于无形，不战而屈人之兵。当然唯有具有深阅历的人方能达到这种效果，故事中的厂长便深谙此道，所以在事情没搞清楚之前，装作自己什么都不知道，仍然以同样的方式对待下属，避免了许多横生枝节。

实习期间，一位实习老师在黑板上刚写了几个字，学生中突然有人叫起来：“老师的字比我们李老师的字好看！”

真是语惊四座，稚嫩的学生哪能想到：此时后座的班主任李老师该多么尴尬！对这位实习生来说，初上岗位，就碰到这般让人难堪的场面，的确使人头疼，以后怎样同这位班主任相处呢？怎么办？转过身来谦虚几句，行吗？不行！这位实习生灵机一动，装作没有听到，继续写了几个字，头也不回地说：“不安安静静地看课文，是谁在下边大声喧哗！”

此语一出，后座的李老师紧张尴尬的神情，顿时轻松多了，尴尬局面也随之消除。

这位实习老师巧妙地运用了“装作不知道”的技巧，避实就虚，避开“称赞”这一实体，装作没有听清楚，而攻击“喧闹”这一虚象。他既巧妙地告诉那位班主任“我根本没有听到”，又敲打了那位学生的称赞兴致，避免了学生误认为老师没有听见可能再称赞几句，从而再次造成尴尬的局面。

在人际交往中，有许多场合都可以使用“视而不见”的办法，避开别人说话的锋芒，然后避实就虚、猛然出击。其技巧关键在于躲闪避让的机智，虽是“装作”，正如实施“苦肉计”一样，却一定要表演得自然。

既然无法改变，那就接受

悦纳不可逆转之事实

荷兰首都阿姆斯特丹有一家15世纪的老教堂的废墟上留有一行字：“事情既然如此，就不会另有他样。”人生之路充满了许多未知的因素，大致可以分为两类，一类是可变的，我们可以通过自身的努力，或改变一定的条件使之转化；另一类是无法改变的，无论我们付出种种努力，也无法改变这一不可避免的现实。当我们面对后者时，就必须要接受其不可改变的事实，并以尽可能积极乐观的态度对待。

威廉·卡赛流斯在纽约成人教育班中所说的一个得奖的故事：

“我在加入海岸防卫队后不久，就被派到大西洋这边最可怕的一个单位。他们叫我管炸药。想想看，我——一个卖小饼干的店员，居然成了管炸药的人！光是想到站在几千几万吨TNT顶上，就把一个卖饼干的店员的骨髓都吓得冻住了。我只接受了两天的训练，而我所学到的东西让我内心更充满了恐惧。我永远也忘不了我第一次执行任务的情形。那天又黑又冷，还下着雾，我奉命到新泽西州的卡文角露码头。

“我奉命负责船上的第五号舱，得和五个码头工人一起工作。他们身强力壮，可是对炸药却一无所知。他们正将重两千到四千磅的毁区炸弹往船上装，每一个炸弹都包含一吨的TNT，足够把那条老船炸得粉碎。我们用两条铁索把毁区炸弹吊到船上，我不停地对

自己说：万一有一条铁索滑溜了，或者是断了，噢，我的妈呀！我可真害怕极了。我浑身颤抖，嘴里发干，两个膝盖发软，心跳得很厉害。可是我不能跑开，那样子就是逃亡，不但我会丢脸，我的父母也会丢脸，而且我可能因为逃亡而被枪毙。我不能跑，只能留下来。我一直看着那些码头工人毫不在乎地把毁区炸弹搬来搬去，心想船随时都会被炸掉。在我担惊受怕、紧张了一个多钟点之后，我终于开始运用我的普通常识。我跟自己好好地谈了谈，我说：‘你听着，就算你被炸了，又怎么样？你反正也没有什么感觉了。这种死法倒痛快得很，总比死于癌症要好得多。不要做傻瓜，你不可能永远活着，这件工作不能不做，否则就要被枪毙，与其这样，你还不如做得开朗点。’

“我这样跟自己讲了几个钟点，然后开始觉得轻松了些。最后，我克服了我的忧虑和恐惧，让我自己接受了那不可避免的情况。

“我永远也忘不了这段经历，现在每逢我要为一些不可能改变的事实忧虑的时候，我就耸下肩膀说：‘忘了吧。’”

“对必然的事，要轻快地去承受。”这几句话是在耶稣基督出生前三百九十九年说的。在漫长的岁月中，我们一定会碰到一些既无法预知也无法改变事情。我们都喜欢设想，假如自己出生在国外多好，假如自己长得漂亮一点身材再高一些，假如当初报了另一所大学，假如他不出现在错误的时间等等，如果这些设想都能够成立，那么这个世界一定会变得非常完美，至少是我们认为的圆满。但事实并不如我们想象的那样美好，于是，有人哀叹生不逢时，有人抱怨命运不公。既然有些事情是我们不能把握和控制的，再多的抱怨也无济于事，我们就只能接受，再想办法去改善。就像我们打扑克，分到你手上的可能是一手好牌也可能是一手烂牌，但无论如何，我们都要想办法发挥出最高的水平，争取赢下这一局牌。

遗憾的是，人生不过是一张单程车票，所有走过的、经历过的都成为不可更改的事实和历史。所有欢欣的所有悲伤的，无论你愿意接受还是不愿意接受，都成为了生活的真相，且成为不可更改的历史。因此，我们唯一能做的，就是决定自己对事件的态度。

有一个美国旅行者在苏格兰北部过节，他问一位坐在墙边的老人：“明天天气怎么样？”老人看也没看天空就回答说：“是我喜欢的天气。”旅行者又问：“会出太阳吗？”“我不知道。”他回答道。“那么，会下雨吗？”“我不想知道。”这时旅行者已经完全被搞糊涂了。“好吧，”他说，“如果是你喜欢的那种天气的话，那会是什么天气呢？”老人看着美国人，说：“很久以前我就知道我没法控制天气了，所以不管天气怎样，我都会喜欢。”

正如杨柳承受风雨，水适于一切容器一样，我们也要承受一切不可逆转的事实，对那些必然之事主动而轻快地承受。这在心理上需要一定的承受能力，或者说是一个人具备了阳光心态才能做到很坦然地接受现实。也正是因为如此，那些阳光的人更容易成功。

中国有句古话，叫做“谋事在人，成事在天。”所以别把牛奶洒了当做生死大事来对待，也别为一只瘪了的轮胎苦恼万分；既然已经发生了，就当它们是你的挫折。但它们只是小挫折，每个人都会遇到，你对待它的态度才是重要的。不管此时你想取得什么样的成绩，不管是创建公司还是为好友准备一顿简单的晚餐，事情都有可能会弄砸了。如果面包放错了位置，如果你失去一次升职的机会，预先把它们考虑在内吧，起码发生意外的话，不会感觉太突然。

接受，而后力图改变

一个四岁的小女孩随父母搬到芝加哥近郊。刚到这里，由于没有小朋友玩，她非常想结交新朋友，但这并非易事。因为每当她出门玩耍时，附近的孩子就会嘲弄和威吓她，有时还推她或把她击倒。每次碰到这种事，她就会哭着跑回家。就这样过去了几个星期，她的母亲始终默不作声。

一天，哭着飞奔回家的她被站在大门口的母亲一把抓住。母亲告诉她家里容不下胆小鬼，然后将她推出门，要她去面对那些折磨她的小孩。她惊骇地站在门外，无奈之下就又回去了。欺负她的孩子大为诧异，怎么也想不到她竟敢回来。

下一次他们欺负她时，她便坚持站在原地不动，因而为自己赢得了几个新朋友。她的妈妈很久以后才告诉她，其实当时她就躲在窗帘后看着女儿的一举一动，很担心女儿会发生什么事。

这个女孩就是后来闻名世界的希拉里·克林顿——美国前总统克林顿的妻子、现任美国国务卿。

希拉里的妈妈采用了典型的西方式的教育方法——自力更生，虽然她也十分担心自己的女儿，但她更希望女儿能成为一个可以接受现实，并努力改变现状的强者。所以，当小希拉里被其他的小朋友欺负时，妈妈竟然将她推出了门外，这是她教育女儿成长的第一步——接受。

在认识并接受了自己的弱点之后，接下来就需要尽可能改变它。

有一个男孩子，刚出生时只有可乐罐子那么大，躺在观察室里奄奄一息。他的腿是畸形，没有肛门（医生只好给他割了道深口，让他能痛苦地排便），而且他的膀胱和肠也不正常。医生断言，孩子几乎不可能活过二十四小时！然而，他挣扎着，活过了一周，又是一周……他顽强地活了下来。

男孩实在太弱太小了，胆怯的他对任何比他大的东西都充满恐惧，甚至家里的狗也经常欺负他。父亲经常对他说："孩子，你必须自己面对一切恐惧，勇敢起来！"

当他进入学校时，他压根也没有想到迎接自己的却是噩梦。个头矮小的他成了学校调皮学生的玩偶：他们掀翻他的轮椅，弄坏他轮椅上的刹车，让他从走廊直接"飞"进老师办公室；最可怕的一次是几个同学用绳子绑住他的手，用胶纸封住他的嘴，把他扔进垃圾箱里，接着在垃圾箱外点起了火，滚滚浓烟令他窒息，他万分惊恐，直到一位老师将他解救出来…… 男孩终于无法忍受了，回到家，想着自己一次次被折磨、被侮辱的遭遇，他放声大哭。他想到了自杀，但，他还是舍不得疼爱他的双亲……

高中毕业后，他决定给自己找个工作。每天早上，他爬在滑板上，敲开一家又一家的店门，问店主是否愿意雇用他。可等人家打开门时，根本就没有发现几乎趴在地上的他，就又把门关上了。

在经过无数次应聘失败后，他终于找到自己的第一份工作。他每天凌晨四点半起床，赶火车到镇上，然后爬上他的滑板，从车站赶到几公里外的工厂。尽管生活艰辛，但是能够自食其力，他勇敢而快乐地活着。

从十二岁起，他就开始打室内板球，后来还喜欢上了举重与轮椅橄榄球。他对运动的执著热爱，使他取得了一系列好成绩，相继获得了1994年澳大利亚残疾人网球赛的冠军以及2000年全国健康举重比赛第二名。他就是约翰·库缇斯。

生活中，大部分人害怕改变，不敢向自己的弱点挑战。他们甚至将“改变”与“破坏”之间画上等号。虽然是旧的不去，新的不来，但放弃熟悉的旧事物，去适应未知的新事物，的确相当不易。尤其是几乎所有的改变都旷日持久，并且需要不断尝试，这更容易让人陷于一成不变、故步自封的窠臼。

要试图挑战自己的弱点，方法有很多，但尤其需要注意以下三点：

1. 坚定理想

芭芭拉·格罗根说：“无论做什么事情，开始时，最为重要的是不要让那些总爱唱反调的人破坏了你的理想。这世界上唱反调的人真是太多了，他们随时随地都可能会列举出千条理由，来说明你的理想不可能实现。你一定要坚定立场，相信自己的能力，努力实现自己的理想。”

无论别人怎么评论自己的理想，甚至是那些所谓的“什么世面都见过”的老前辈泼来的冷水，我们也要顶信，不能轻易变更自己的理想。

2. 从失误中吸取教训

当我们开始进行一项期望中的活动时，无论准备得多么充分，都无法杜绝失误的出现。我们不能因此而放弃所有尝试的可能，但却可以从一次次的失误中吸取经验和教训，避免在以后的活动中重蹈覆辙。

3. 不说“不要”

根据“墨菲定律”， 事情如果有变坏的可能，不管这种可能性有多小，它总会发生。所以，在遇到陌生的环境或者紧急的情况时，要把注意力集中到自己希望发生的事情上，尽可能地避免“不要”这一消极目标的出现。

Part 9
从容享受现在，不给生活开空头支票

停下来，慢慢活

倾听大自然的声音，享受绿色的安慰

某地有个远近闻名的长寿村，那里环境幽美，树木茂盛，空气清新，泉水甘甜。据说，当地一个小村庄，100岁以上的老人就有50多人，下地干活的八旬老翁屡见不鲜。一位健康专家到那里作了深入调查后，得出的结论是：这儿之所以生病的人少，长寿的人多，全都是大自然的恩赐。

大自然的魅力在于它巨大的生命力和动人心魄的美丽。置身大自然，漫步山水间，任心灵自由自在地驰骋，让人在物我两忘的意境中，这是何等的快意、何等无拘无束啊！

南朝梁文学家吴均在《与朱元思书》中说：“鸢飞戾天者，望峰息心；经纶世务者，窥谷忘返。”罗素曾经说过：“我们的生命是大地生命的一部分，就像所有动植物一样，我们也从大地上吸取营养。”还有一位智者说：“当我们明心见性，达到内外如一、心物合一的境界，我们便能从任何细微的事物中获得智慧的启示。安静地看一瓢水，可以听到它演示的清净义，请汲来柔润自己的心田；细致地看一朵花，可以听见它宣说的庄严义，请掬来美化自己的生命。这就是奇妙的万事万物，无时无地不在百般譬喻、殷勤示教，你听见了吗？”

如此奇妙的大自然，当然不乏睿智之人的欣赏，陶渊明便是其中非常著名的一位。

陶渊明原是晋朝大司马陶侃的曾孙。他一生仕途不达。曾做过五次官，最后一次在家乡附近当了一个小县令，他在任大概一百多天时，有名督邮前来视察，旁人提醒他“应束带是之”，还要送些厚礼给他。陶渊明一听心里不高兴，督邮算什么？不过是个乡里小儿。我怎能为五斗米折腰呢？于是，他就找了个理由辞去了县令，回乡归隐后，回归自然。

返乡后，陶渊明过着耕读的生活，生活虽然并不富裕，但精神

上自由，“采菊东篱下，悠然见南山”“舟摇之以轻荡，风飘之而吹衣”，他过着悠然自得的生活，之后还写下了《桃花源》的著名诗篇，表达了他的理想。

大自然是造物主赐给人类的最高享受，是这个世界的营养，我们所有人的身心都需要它的滋补。在城市中呆久了，我们可能忘记了四季的变化、日月的起落、山水的美妙。不妨抽空去一趟大自然，给自己麻木、疲惫的心灵放个假。

大自然中有许多美好的东西值得我们去享受：有轻风的低语、松涛的吟唱、清泉的叮咚、鸟儿的欢啼，有蓝天白云、花红草绿、飞溅的瀑布、浩瀚的大海、雪山与草原……当我们登上长城，想着毛泽东的“不到长城非好汉”时；当时我们傲立泰山，吟着杜甫的“会当凌绝顶，一览众山小”时；当我们泛舟洞庭，诵起孟浩然的“气蒸云梦泽，波撼岳阳城”时；当我们仰观瀑布，想起李白的“飞流直下三千尺，疑是银河落九天”时；当我们走进终南山，念着王维的“明月松间照，清泉石上流”时，我们必将会抛去所有愁苦、烦恼，豪气、愉悦、恬静会充溢心灵。只要你愿意，随时都可以享受到这一天赐的礼物。

一对美国的年轻夫妇居住在繁华热闹的纽约市中心。时间一长，他们觉得自己的生活就像一部高速运转的机器，虽然总是在忙忙碌碌地转着，但太千篇一律了，即使是那些花样繁多的休闲娱乐项目，也像是麦当劳、肯德基等那些快餐一样，只能满足一时的胃口，过后很少会有余香留下，于是他们决定去乡下放松放松。

他们开车南行，到了一处幽静的丘陵地带，看见小山旁有个木屋，木屋前坐了一个当地居民。年轻的丈夫问乡下人：“你住在这样人烟稀少的地方，不觉得孤单吗？”乡下人说：“你说孤单？不！绝不孤单！我凝望那边的青山时，青山给我一股力量。我凝望山谷，每一片叶子包藏着生命的秘密。我望着蓝色的天，看见云彩变幻成永恒的城堡。我听到溪水潺潺，好像向我的心灵细诉。我的狗把头靠在我的膝上，从它的眼中我看到忠诚和信任。这时我看见孩子们回家了，衣服很脏，头发蓬乱，可是嘴唇上却挂着微笑，叫我‘爸’。我觉得有两只手放在我肩上，那是我太太的手，碰到悲愁和困难的时候，这两只手总是支持着我。所以我知道上帝总是仁慈的，你说孤单？不！绝不孤单！”多么绝妙的回答。

确实，大自然具有无穷无尽的美，也是人类的知心朋友。在我们失意空虚时，只要走进大自然，被清爽的风吹着，嗅着花草的香气，感受着它优美的风景，大自然的一草一木似乎都有灵性，都会给你抚慰、给你豪气，心情很快就会愉快、开朗起来，并获得无限的美的享受。

生活中当你感到烦闷时，不妨背起行囊，一个人独自去游山玩水，到大自然中去享受心灵的慰藉。又或者直接把大自然搬回家中。如果你有一个小小的庭院，试着在院中种满不同叶形、不同颜色的植物。你可以自己修剪树叶，或动手采集果实和种子，做做园艺什么的。你可以放着花园某个角落不整理，作为鸟儿和昆虫的天堂。

用慢慢来的心态，拉长你的幸福

清代学者石成金的《惺斋快乐》里，有一种“静怡之乐”：不必高堂大厦，虽茅檐斗室，若能凝神静坐，即是极大快乐。试看名缰利锁，惊风骇浪，不知历无限苦楚。我今安然静怡性情，此乐不小。唯有喜动不喜静之人，虽有好居，好闲好，才一坐下，即想事务奔忙，乃是生来辛苦之人，未知静怡滋味，又何必强与之言耶。

对于快乐的定义，可谓仁者见仁，智者见智，但石成金的一家之言对于我们这些匆匆来去，对身旁美景妙处熟视无睹的凡夫俗子来说，宛如一杯清芬的香茗，醉人心魄。

我们生活在一个忙碌紧张的世界里。身边，孩子忙着上课、考试、参加辅导班，青年忙着升职、加薪，中年人忙着养家、充电……不安因素环绕在我们身边，城市中各种机器音响造成一片紧张。紧张已经完全深入我们的生活、工作中。于是，匆匆忙忙的我们，错过了前往某处途中的风景与乐趣，错过了许多陪伴已经有些上了年纪的父母的机会，错过了很多与恋人逛公园、看电影的美好时光，错过了静下心来品一杯香茶、唱一首歌、读一本书的耐性与静谧……

日出日落，蝶飞蜂舞，梨花春雨，花开花谢，许多风景我们都

忘记停下脚步看看了。把脚步放慢一些，给自己一点品味生命和时间，收获的或许不只是美好那么简单。

有一对日本父子相依为命，共同耕种一片土地，每到收获时节，父亲都会把粮食和蔬菜装满牛车，过到附近的城里去卖。1945年这一年，父亲看儿子长大了，便决定带他一起去城里，也好帮自己一把。

8月5日清晨，父子二人套上牛车，满载着一车子的粮食和蔬菜出发了。儿子心想他们若走快些，当天傍晚便可到达市场。于是他用棍子不停催赶牛车，要牲口走快些。父亲则认为凡事不必着急，慢慢来就好，看着性子急躁的儿子说：“儿子，放轻松，这样会活得久一些。”

儿子反驳说：“可是我们若比别人先到市场，我们便有机会卖个好价钱。”

父亲不再理会他，把帽沿往下拉了拉，遮住双眼，在牛车上眯了起来。儿子很不高兴，愈发催促牛车走快些。

快到中午的时候，他们来到一间小屋前面，父亲醒来，微笑着说：“这是你叔叔家，我们进去打声招呼。”

儿子着急地说：“可是我们已经慢了半个时辰了。”

父亲慢慢地回答：“既然都已经慢了，那么再慢一会儿也没关系。你叔叔虽然跟咱们住得这么近，却很少有机会见面。”

儿子无奈，只得随着父亲进了叔叔家。在叔叔家里，两位久未见面的老人仿佛有着聊不完的话，儿子等得都有些不耐烦了。一个小时之后，父子二人才再次启程，这次轮到老人驾牛车。走到一个岔路口，父亲把牛车赶到右边的路上。

儿子以为父亲走错了，便说：“错了，错了，左边的路近些。”

父亲却回答：“我知道啊，但是右边这条路上的景色要好很多呢。”

儿子不耐烦地说：“你不在乎时间？”

父亲笑着说：“我当然在乎，所以我喜欢看漂亮的风景，享受美好的时光。”

果然，右边的这条道路穿过美丽的牧草地、野花，经过一条清澈河流——这一切儿子都视而不见，他心里十分焦急，甚至没有注意到当天的日落有多美。

黄昏时分，他们来到一个宽广、美丽的大花园，父亲呼吸芳香的气味，把牛车停了下来，回头对儿子说：“我们在此过夜好了。”

“我以后再也不要跟你做伴了，”儿子生气地说，“比起赚钱，你对看日落、闻花香更有兴趣！”

父亲微笑着说：“对了，这是你一路上所说的最好听的话。”

很快，父亲开始打呼噜，儿子则瞪着天上的星星，好久都睡不着。天不亮，儿子便摇醒父亲动身了。大约走了一里路，他们遇到一个农民正在试图把牛车从沟里拉上来。

“我们去帮他一把。”父亲低声说。

“你想浪费更多时间？”儿子有点生气了。

“放轻松些，孩子，有一天你也可能掉进沟里。我们要帮助有所需要的人。”

等到他们帮农民把牛车拉上来的时候，天已经大亮了。突然，天上闪出一道强光，接下来似乎是打雷的声音，群山后面的天空变得一片黑暗。

“看来城里在下大雨。”父亲说。

“我们若是赶快些，现在大概已把货卖完了。”儿子大发牢骚。

“放轻松些，这样你会活得更久，更享受人生。”父亲劝告道。

下午时分，他们终于离城里不远了，只需翻过一座小山就到了。当父子二人爬上山，俯视整个城市时，顿时惊呆了。

过了好长一段时间，儿子把手搭在父亲肩上说：“爸，我明白您的意思了。”说完，他和父亲一起拉牛车掉头离开了。

他们本来打算要去的那个城市，叫广岛。

我们很多人总是觉得自己很忙，忙得没有任何的时间去休息，没有任何的时间去欣赏风景，以及享受家庭的温馨。但事情是永远都做不完的，就算一天有四十八个小时，也不可能解决所有的问题，完成所有的任务。既然如此，当我们在休息时，不妨放慢脚步，慢一些，慢一些，再慢一些，这样不仅能看到一些前所未见的美景，还能将幸福的感觉拉长。

工作场所就是修行的道场

以出世的心境，做入世的事业

人生究竟是什么？不过一杯水而已。上天给了每一个人一杯水，于是，你从里面饮入了生活。杯子的华丽与否显示了一个人的贫与富，杯子只是容器，杯子里的水，清澈透明，无色无味，对任何人都一样。不过在饮入生命时，每个人都有权利加盐、加糖，或是其他，只要自己喜欢，这是每个人生活的权利，全由自己决定。看透了人生的本质，便不会被繁华遮蔽了双眼，用出世的心做入世的事，便能从人生的这杯水中充分品味出甘甜。

然而，以出世的心境，做入世的事业，这并非每个人都能做到的。一个和尚因为耐不住佛家的寂寞就下山还俗去了。不到一个月，因为耐不得尘世的口舌，又上山了。不到一个月，又耐不住青灯古佛的孤寂再度离去。如此三番，寺中禅师对他说：“你干脆不必信佛，脱去袈裟；也不必认真去做俗人，就在庙宇和尘世之间的凉亭那里设一个去处，卖茶如何？”于是这个还俗的和尚就讨了一个媳妇，支起一个茶亭。

许多人都如同这个心绪矛盾之人，在入世与出世之间徘徊不决，干脆就在二者的中间做个半路之人。

生活中，人们总是牵挂得太多，太在意得失，所以情绪才会起伏。被负面性牵着鼻子走的人，不可能活出洒脱的境界。爱默生曾解释过什么是成功：“笑口常开；赢得智者的尊重和孩子的热爱；获得评论家真诚的赞赏，并容忍假朋友的出卖；欣赏美的事物，发掘别人的优点；留给世界一些美好，无论是一位健康的孩子，一个小园地或一个获得改善的社会现状都可以；知道至少一人因你的存在而过得更快乐自在，这就是成功。”以出世的心做入世的事，不让世俗功利蒙蔽你的心灵，淡然面对得失，坦然接受成败，才能超脱物我，找到生命的真谛。

中国古代历史上，有许多人演绎出了一段段“出世心境入世行”的佳话，唐朝的李泌便是其中之一，他睿智的处世态度充分显现了一位政治家、宗教家的高超智慧。该仕则仕，该隐则隐，无为之为，无可无不可。

李泌曾写过一阙《长歌行》，将内心对名利功绩的感受描绘得淋漓尽致。“天覆吾，地载吾，天地生吾有意无。不然绝粒升天衢，不然鸣珂游帝都。焉能不贵复不去，空作昂藏一丈夫。一丈夫兮一丈夫，千生气志是良图。请君看取百年事，业就扁舟泛五湖。”

李泌一生中多次因各种原因离开朝廷这个权力中心。玄宗天宝年间，当时隐居南岳嵩山的李泌上书玄宗，议论时政，颇受重视，遭到杨国忠的嫉恨，毁谤李泌以《感遇诗》讽喻朝政，李泌被送往蕲春郡安置，他索性“潜遁名山，以习隐自适”。自从肃宗灵武即位起，李泌就一直在肃宗身边，为平叛出谋划策，虽未身担要职，却“权逾宰相”，招来了权臣崔圆、李辅国的猜忌。收复京师后，为了躲避随时都可能发生的灾祸，也由于平叛大局已定，李泌便功成身退，进衡山修道。代宗刚一即位，便强行将李泌召至京师，任命他为翰林学士，使其破戒入俗，李泌顺其自然，当时的权相元载将其视作朝中潜在的威胁，寻找名目再次将李泌逐出朝庭。后来，元载被诛，李泌又被召回，却再一次受到权臣常衮的排斥，再次离京。建中年间，泾原兵变，身处危难的德宗又把李泌招至身边。

李泌屡蹶屡起的原因，在于其恰当的处世方法和豁达的心态，其行入世，其心出世，所以社稷有难时，义不容辞，视为理所当然；国难平定后，全身而退，没有丝毫留恋。李泌已达到了顺应外物、无我无己的境界，又如儒家所说，“用之则行，舍之则藏”，“行”则建功立业，“藏”则修身养性，出世入世都充实而平静。李泌所处的时代，战乱频仍，朝廷内外倾轧混乱，若要明哲保身，必须避免卷入争权夺利之中。心系社稷，远离权力，无视名利，谦退处世，顺其自然乃李泌处世要诀。

柏杨先生深谙其中的道理，故而大声地喊出了：“人必须有出世的精神，才可做入世的事业。”不仅如此，他还亲身实践着自己的这一主张。他是出世的，他跳出了世俗生活的局限之中，站在一个“登泰山而小天下”的高度，观看世间百态；他远离了世俗的功利与喧嚣，看淡了个人的成败与得失，过着宛若陶渊明笔下“心远

地自偏”的宁静生活。同时，他又是入世的，他的著作都围绕着现实问题而展开，试图用最激烈的方式唤醒那些沉睡许久的东西，用最犀利的笔锋让人们看到平日里习以为常的陋习。

一个真正有道德的人，外表“和光同尘”，混混沌沌，而内心清明洒脱，遗世独立。不以聪明才智高人一等，以平凡庸陋、毫无出奇的姿态示人，抱着一种超然物外的心理看待人生。行为虽是入世，但心境是出世的。

化压力为奋斗的激情

生活中，不少人畏惧压力、逃避压力。其实，压力何尝不是一种动力呢。俗谚说“人无压力不成材”。正视压力，与压力共处，正是冠军、强者的选择。压力如苦胆，但勾践卧薪尝胆，终率三千越甲吞吴，俘获了终日与西施畅游后宫的夫差；宫刑的压力如山，但司马迁并未逃避或自绝于世，贫病之中，他完成了辉煌巨著《史记》……负重之下，变压力为动力，逆流而上，成功将不期而至。

《简爱》的作者曾意味深长地说：人活着就是为了含辛茹苦。人的一生肯定会有各种各样的压力，于是内心总经受着煎熬，但这才是真实的人生。确实，没有压力就会轻飘飘的，没有压力肯定没有作为。选择压力，将压力化作奋斗的激情，始终坚持往前冲，自己就能成就自己。

一个小孩，相貌丑陋，说话口吃，而且因为疾病导致左脸局部麻痹，嘴角畸形，讲话时嘴巴总是歪向一边，还有一只耳朵失聪。为了矫正自己的口吃，他嘴里含着一块石子，模仿古代的一位演说家。时间长了，妈妈心疼地劝阻他，懂事的他替妈妈擦着眼泪说：“妈妈，每一只漂亮的蝴蝶，都是自己冲破束缚它的茧之后才变成的。我要做一只美丽的蝴蝶。”后来，他能流利地讲话了。因为他的勤奋和善良，他中学毕业时，不仅取得了优异成绩，还获得了良好的人缘。长大后，他参加全国总理大选。尽管他的对手利用他的容貌攻击他，但他的成长历程被人们知道后，赢得了选民极大的同情和尊敬。他说的“我要带领国家和人民成为一只美丽的蝴蝶”的竞选口号，使他以高票当选为总理，人们亲切地称他是“蝴蝶总理”。他就是加拿大第一位连任两届的总理让·克雷蒂安。

克里蒂安的压力，并非来自于外界，而是来自于他自身。先天与后天的一系列因素，令他的客观条件与常人相比，显得略逊一筹。但正是这一点，成为刺激他奋进的动力，从而使他实现了从“毛毛虫”到“蝴蝶”的蜕变。

伟大的心理学家阿德勒穷其一生都在研究人类及其潜能，他曾经宣称他发现人类最不可思议的一种特性——“人具有一种反败为胜的力量”。也就是说，在面对巨大的压力，甚至是失败的压力时，人们也能通过自己的努力扭转形势。

一位瑟尔玛·汤普森女士曾经这样描述过自己的一段经历：

战时，我丈夫驻防加州沙漠的陆军基地。为了能经常与他相聚，我搬到那附近去住，那实在是个可憎的地方，我简直没见过比那更糟糕的地方。我丈夫出外参加演习时，我就只好一个人待在那间小房子里。热得要命——仙人掌树荫下的温度高达华氏125度，没有一个可以谈话的人。风沙很大，所有我吃的、呼吸的都充满了沙、沙、沙！

我觉得自己倒霉到了极点，觉得自己好可怜，于是我写信给我父母，告诉他们我放弃了，准备回家，我一分钟也不能再忍受了，我情愿去坐牢也不想待在这个鬼地方。我父亲的回信只有三行，这三句话常常萦绕在我心中，并改变了我的一生：

有两个人从铁窗朝外望去，

一人看到的是满地的泥泞，

另一个人却看到满天的繁星。

我把这几句话反复念了好几遍，我觉得自己很丢脸。决定找出自己目前处境的有利之处，我要找寻那一片星空。

我开始与当地居民交朋友，他们的反应令我心动。当我对他们的编织与陶艺表现出很大的兴趣时，他们会把拒绝卖给游客的心爱之物送给我。我研究各式各样的仙人掌及当地植物。我试着多认识土拨鼠，我观看沙漠的黄昏，找寻300万年前的贝壳化石，原来这片沙漠在300万年前曾是海底。

是什么带来了这些惊人的改变呢？沙漠并没有发生改变，改变

的只是我自己。因为我的态度改变了，正是这种改变使我有了一段精彩的人生经历。我所发现的新天地令我觉得既刺激又兴奋。我着手写一本书——我逃出了自筑的牢狱，找到了美丽的星辰。

卡耐基说：人生最重要的不是以你的所得投资，任何人都可以这样做。真正重要的是如何从损失中获利。这才需要智慧，才能显示出人的上智下愚。在有些人看来，压力就像是一座大山，背着它走得越远，感觉越沉，到最后肯定会被它压垮；在另外一些人看来，压力并非痛苦、沉重的代名词，直面压力，将其转化为前进的动力，反而会愈挫愈勇。所以，哲学家尼采认为，优秀杰出的人“不仅忍人所不能忍，并且乐于进行这种挑战。”

不追问过去，不妄想未来

回忆昨天，不为过去所困

人生一世，花开一季，谁都想让此生了无遗憾，谁都想让自己所做的每一件事都永远正确，从而达到自己预期的目的。可这只能是一种美好的幻想。人不可能不做错事，不可能不走弯路。做了错事，走了弯路之后，有后悔情绪是很正常的，这是一种自我反省，正因为有了这种“积极的后悔”，我们才会在以后的人生之路上走得更好、更稳。

我们是唯一能决定自己要被后悔的情绪困扰多久的人。既然如此，既然决定权在自己，为什么我们总要让自己苦上个十天半个月，甚至好多年还不肯“放下”呢？古希腊诗人荷马曾说过：“过去的事已经过去，过去的事无法挽回。”的确，昨日的阳光再美，也移不到今日的画册。我们又为什么不好好把握现在，珍惜此时此刻的拥有呢？

生活在现代竞争激烈的社会中，我们常常有活得累、活得艰难的感觉。“生活太累了！”成为现代都市人的普遍感慨。其实，要想活得轻松其实很不难，拥有一个幸福的人生其实也很简单，只要我们学会拥有“不为昨天买单”的心态。

在某个中学里，有这样一个种现象，许多学生常会为过去的成绩感到不安。他们在交完考卷后总是充满了忧虑，因为担心自己的分数，而影响了下一阶段的学习。一位老师看在眼里，记在了心里。

一天，这位老师在实验室里讲课，他把一瓶牛奶放在桌上，学生们不明白这瓶牛奶和课程有什么关系，都静静坐着，望着老师。忽然，这位教师站了起来，故意失手把那瓶牛奶打翻在水槽中。学生们都很惊讶，围拢到水槽前，议论纷纷，觉得可惜。老师说：“我希望你们永远记住这个道理，牛奶已经淌光了，不论你们怎样后悔和抱怨，都没有办法取回一滴。你们要是事先想一想，加以预防，那瓶奶还可以保住，可是现在晚了，我们现在所能做到的，就是把它忘记，然后注意下一件事。”

“不要为打翻的牛奶哭泣”，这句话包含了丰富深刻的哲理。过去的已经过去，历史不能重新开始，为过去哀伤，为过去遗憾，除了劳心费神，分散精力，没有一点益处。

丹麦哥本哈根大学有一个学生叫乔根，有一年暑假，他去华盛顿观光。很可惜，刚到达华盛顿，乔根就发现钱包不见了，钱包里装有护照和现款。他跑去向警察说明了情况。

第二天，钱包仍不知下落。乔根的衣袋里只有几十元的零钱。他该怎么办呢？难道要到警察局坐等消息吗？“不，我应该愉快地过好今天。”他对自己说，“我不愿做任何无意义的事情！我要参观华盛顿，我可能不再有机会来这儿了。”

于是，他步行出发，参观了白宫和国会大厦，参观了一些博物馆，爬上了华盛顿纪念碑的顶端。虽然无法到华盛顿郊区以及他计划中的其他地方去，但是，他凡到过的地方，都很认真的体会和欣赏，还留下了许多美丽的照片。

回到丹麦后，他回忆起这段美国旅程，总是很开心。因为他觉得，他没有因为钱包被偷而沮丧，没有因为一个小失误而失去几天的美好时光。在他回国后的第五天，华盛顿警察局帮他找回了钱包。此次出行，他没有为自己留下任何遗憾。

假如我们能够像乔根那样，明白只有今天和此刻所做才是真实的，彻悟昨天、今天和明天的时间关系，就不会沉浸于痛苦中不能

自拔了。如果我们能把昨天看成是今天的经验、借鉴，把明天看做是今天努力的收获，就能在积极的情绪下把每一天都过得有意义。

如果总抱怨现状不好，那是我们不知道还有更坏的事情。如果不活在当下，我们就会失去当下。如果失去了当下，也就丧失了当下所有的欢乐和幸福，也就失去了当下可能有的各种机会。

一位风烛残年的老人在日记簿上记下了这段生命的醒悟：

“如果我可以从头活一次，我要尝试更多的错误。我不会总朝后看，而不看未来的路。我情愿多休息，随遇而安，处世糊涂一点，不对已经发生的事难过或者伤悲。其实人世间那么短暂，哪里会有时间不停缅怀过去？

“可以的话，我会朝未来的道路前行，出自己没去过的地方，多旅行，跋山涉水，更危险的地方也不怕去一去。以前我经常因为已经发生的些许小事情而懊恼，比如因为丢了东西而深深自责自己，一遍一遍假设要是把东西事先交给××就好了，然后很长时间都在为丢的东西心疼。此刻我是多么的后悔。过去的日子，我实在活得太小心，每一分每一秒都不容有失。稍微有了过失就埋怨和批评自己，还用同样的标准去对待别人，一遍一遍叨唠别人不对的地方。

“如果一切可以重新开始，我不会过分在意宠辱得失，我也不会花很长的时间来诅咒那些伤害过我的人们。诅咒或者伤悲都没有改变事实，还消磨了我生命中不多的时间。我会用心享受每一分、每一秒。如果可以重来，我只想美好的事情，用这个身体好好地感受世界的美丽与和谐。还有，我会去游乐园多玩几圈木马，多看几次日出，和公园里的小朋友玩耍。

“如果人生可以从头开始……但我知道，不可能了。”

人生没有很多如果，人的生命和时间总是有限的，如果一有过错，我们就陷入无尽的自责、哀怨、痛悔之中，我们将永远活在昨天，而失去了前进的动力。对于错误来说，懊悔毫无用处，只能带来更大的痛苦。

泰戈尔在《飞鸟集》中写道：“只管走过去，不要逗留着去采下花朵来保存，因为一路上，花朵会继续开放的。”为采集眼前的花朵而花费太多的时间和精力是不值得的，道路还长，前面还有更多的花朵，让我们一路走下去……

现在是上天赐予我们的礼物

1871年春天，一个蒙德里尔综合医院的医科学生，因为受一句话的启发而成为一代医学权威，创建了全世界知名的约翰·霍普金斯医学院，成为牛津大学的钦定医学教授，获得了医学界最高荣誉——女王勋章。他就是威廉·奥斯勒，而他看到的那句话是：“最重要的不是去看远方的模糊，而要做手边清楚的事。”

他的成功，就是因为他活在一个所谓“完全独立的今天”。

底特律城已故的爱德华·诺文斯，在学会“活于今天”之前，几乎因为忧虑而自杀。爱德华·诺文斯生长在一个贫苦的家庭，起先靠卖报来赚钱，然后在一家杂货店当店员。后来，家里有七口人要靠他吃饭，他就谋到一个当助理图书管理员的职位，薪水很少，他却不敢辞职。八年之后，他才鼓起勇气开始他自己的事业。不久，就用借来的五十五元钱，发展成一个大的事业，一年赚两万美金。就在这时，厄运降临了：他替一个朋友开出一张面额很大的支票，而那位朋友破产了。很快地，在这件灾祸之后又来了另外一次大灾祸，那家存着他全部财产的大银行垮了，他不但损失了所有的钱，还负债一万六千元。他精神受不住这样的打击，“我吃不下，睡不着，”他还说道，“我开始生起奇怪的病来。没有别的原因，只是因为担忧。有一天，我走在路上的时候，昏倒在路边，以后就再不能走路了。他们让我躺在床上，我的全身都烂了，伤口往里面烂进去之后，连躺在床上都受不了。我的身体愈来愈弱，最后医生告诉我，我只有两个礼拜可活了。我大吃一惊，写好我的遗嘱，然后躺在床上等死。 挣扎或是担忧都没有用了，我放弃了，也放松下来，闭目休息。在此以前，连续好几个礼拜，我几乎没有办法连续睡两个小时以上。可是这时候，因为一切困难很快就将结束，我反而睡得像个孩子似的安稳。那些令人疲倦的忧虑渐渐消失了，我的胃口恢复了，体重也开始增加。”

“几个礼拜之后，我就能撑着拐杖走路。六个礼拜以后，我又能回去工作了。我以前一年曾赚过两万块钱，可是现在能找到一个礼

拜三十块钱的工作，就已经很高兴了。我的工作是推销用船运送汽车时放在轮子后面的挡板。这时我已学会不再忧虑——不再为过去发生的事情后悔——也不再担心将来。我把所有的时间、精力和热忱，都放在手头的工作上。”

由于他脚踏实地做好手头的每一件事情，他的进展非常快，不到几年，他已是依文斯工业公司的董事长，多年来，这个公司一直是纽约股票市场交易所的一家公司。如果你乘飞机到格陵兰去，很可能降落在诺文斯机场——这是为了纪念他而命名的飞机场。可是，如果他没有学会“生活在完全独立的今天里”的话，爱德华·诺文斯绝不可能获得这样的成功。

生命有它的阶段：青年、中年、老年。我们每走过一个阶段，那扇门就在我们的身后关上、锁上了，而门锁则在门的另一边，没有人能够打开。我们没有回头路可走，说过的话无法收回，做过的事无法重做。时间就是一座脆弱的桥梁，我们每迈过一步之后，它就已经变成过去，变成永恒。过去的已经过去，不再属于我们。它就像一直在我们身后无声关闭的门，我们没有必要也不可能转身将它开启。而未来，还是一张尚未兑现的期票，在它到来之前，我们永远只能想象。它就是一扇定时打开的门，我们没有必要把时间浪费在等待打开上。

英国大文豪莎士比亚说：“在时间的大钟上，只有两个字——现在。”我们能够紧紧握在手中的，也只有现在。一个人如果要珍视时间，那么首先所要做的就是追赶今天的太阳，因为它太宝贵了，不应该为酸苦的忧虑和辛涩的悔恨所销蚀，更不应该陷入“如果你在错过太阳时流了泪，那么你也要错过群星了”的怪圈。

现在是上天送给我们的礼物，所以我们应该相信威廉·奥斯勒在演讲中劝诫大学生们的话：“你们当中的每一个的组织都比一条大海船复杂、精美得多，所要走的航程也远得多，但你们要学会怎样适应、控制一切，活在一个‘完全独立的今天’”。“要注意聆听你们生活的每一个层面，隔断已经死去的昨天，也隔断那些尚未诞生的明天。那你拥有的就是今天”。“明天的重担，再加上昨天的重担，就会成为今天最大的障碍，要把未来像过去那样紧紧地关在门外，因为未来就在于今天。”

可以失去所有，但不能没有自我实现

每天向着理想前进一小步

在浩瀚如烟的历史大海中，人生宛若一艘轮船，如果只是没有方向、漫无目的地航行，又或者由于中途开小差而迷失了方向的话，那么极有可能因为在海上打转浪费了许多无谓的时间和精力而到达不了心中的彼岸。事实上，同样多的燃料可能已足够轮船在出发点与目的地之间来回好几次了。

生命比航海更需要蓝图。没有目标，不可能发生任何事情，也不可能采取任何行动。如果一个人没有目标，就只能在做事的道路上徘徊，永远到不了任何一个地方。但是，除了要有一个明确的目标之外，人生还需要对每个阶段进行详细地规划。

一位奥运会长跑冠军在自传中这样说道：每次比赛之前，我都要乘车把比赛的线路仔细地看一遍，并把沿途比较醒目的标志画下来，比如第一个标志是银行；第二个标志是一棵大树；第三个标志是一座红房子……这样一直画到赛程的终点。比赛开始后，我就以百米的速度奋力地向第一个目标冲去，等到达第一个目标后，我又以同样的速度向第二个目标冲去。40多公里的赛程，就被我分解成这么几个小目标轻松地跑完了。

他的这一想法，同现代马拉松比赛中每隔5公里一个标识牌的设置思路开诚布公。对于那些参加马拉松比赛的人来说，一开始以5公里外的标识牌为目标，按照自己的配速跑，到了之后，再以下一个5公里外的标识牌为目标……就这样，将42.195公里的长距离区分为许多个小段，而不是一口气跑完全程，相对而言要容易得多。

然而一般人从来没有计划过生命，每天只是得过且过，或者是等待成功从天而降。

有个高中生，经过多番考虑之后，为自己定下了做一个伟大政治家的目标。按照常理来说，在和平年代要做一个政治家，应该首

先读大学的政治专业，或者别的文科专业，然后在毕业后努力进入一个有晋升机会的政府机关，之后再为最终的目标而努力奋斗。

但是，在定下这个目标之后，成绩平平的他，并没有为了这个目标而做出什么努力。就算是家里人督促他学习，他也总是说："我的目标是做一个伟大的政治家，读书做什么？"到了高三的时候，由于成绩不理想，他甚至放弃了考大学，每天只是看一些政治人物的传遍，像《林肯传》《丘吉尔传》等。除此之外，他将所有的精力都花在了玩上。

在生活上，他开始用伟人的眼光来看待周围的人、事、物。看到他的妹妹和朋友闹矛盾，他就说："你们吵什么嘛，要团结，不要搞分裂。"遇到同学和家长，他也开始以伟人的口吻与其说话。久而久之，人人对他敬而远之，他也只能沉浸在自己的伟人里，自我安慰了。

但凡那些伟大的成就通常是一些平凡的人们经过自己的不断努力而取得的，他们注重细节，每天懂得进步一点点，日积月累就前进一大步。每天进步一点点，是成功的人生战略，无论对于精神的追求、物质生活的追求，还是对事业成功的追求都是如此。

25岁的时候，雷诺因为失去了报社记者的工作而食不裹腹。他白天就在马路上乱走，目的只有一个，就是躲避房东向他追讨房租。一天，他在42号街碰到著名歌唱家夏里宾先生。雷诺在失业前，曾经采访过他。但是，他没想到的是，夏里宾竟然一眼就认出了他。

"很忙吗？"夏里宾问雷诺。

雷诺含糊地回答了夏里宾，他知道夏里宾看出了他此刻所遭遇的困境。

"我住的旅馆在第103号街，跟我一同走过去好不好？"

"走过去？但是，夏里宾先生，这是距第103号街有60个路口，可不近呢。"

"胡说，"他笑着说，"只有5个街口。是的，我说的是第6号街的一家射击游艺场。"

虽然听起来有些答非所问，但雷诺想自己反正闲着也是闲着，跟夏里宾先生走走也不错，于是他顺从地跟在夏里宾先生身后。

"现在，"到达射击场时，夏里宾先生说，"只有11个街口了。"

不一会儿，他们到了卡纳奇剧院。

"现在，只有5个街口就到动物园了。"

又走了12个街口，他们在夏里宾先生的旅馆门口停了下来。奇怪得很，雷诺并不觉得怎么疲惫。夏里宾给他解释步行的理由："今天的步行，你可以常常记在心里。这是生活中的一个教训。你与你的目标无论有多遥远的距离，都不要担心。把你的精神集中在5个街口的距离。别让那遥远的未来令你烦闷。"

确实，每个重大的成就都是一系列的小成就累积而成的。不要迷失自己的目标，每次只把精力集中在面前的小目标上，这样，遥不可及的目标便近在眼前了。

目标如果设定在可见的距离，就会使人怀抱希望，持续努力。想要实现自己的目标，先把目标订为每天可以完成的目标。这样一来，我们只要保证每天朝着自己的理想前进一小步，突然有一天，当抬起头时就会发现，原来理想已经触手可及了。

不为明天的事忧心忡忡

一个富翁上山采办货物，看见一个樵夫正躺在树下纳凉。早已习惯忙碌生活的富翁见状十分不解，忍不住上前问那个樵夫："你怎么躺在这儿，为什么不去砍柴呢？"

樵夫抬了抬头，懒洋洋地问："躲在这时休息一下有什么不对吗？为什么非要不停地砍柴呢？"

富翁听了觉得很奇怪，略带嘲笑地说："砍来的柴可以卖钱呀！"

樵夫又问："卖了钱又有什么用呢？"

富翁满怀憧憬地说："有了钱就可以享受生活了。"

樵夫听后摇了摇头，笑着问富翁："那你认为我此刻在做什么？"

人总是有欲望的。从心理学角度出发：最普遍的和最具破坏性的倾向之一就是集中精力于我们所想要的，而不是我们所拥有的。

这跟我们已经拥有多少似乎没有多大的关系，我们只是不断地扩充自己的欲望名单，我们的不满足感也就随之一直处于“饱和”的状态。我们的心理机制说：“当这项欲望得到满足时，我就会快乐起来。”但在欲望得到满足后，一个新的欲望又会生出，这种心理作用也就不断重复，因此，幸福便始终与我们绝缘。

换个角度来说，也就是太多的人生活在下一个时刻。我们总是忙不迭地过日子，一刻不停地瞎转悠；我们总是焦急地等待着节假日的来临，总是盼望孩子快快长大，自己赶快退休闲赋在家；等我们真的老了时，又担心生命随时会在下一分钟结束；我们总是透支生活中的烦恼，为明天的到来而担忧，根本没有时间享受当下生活的轻松。

其实，当下有很多值得我们体会的美好事情：

我们可以为每一天的日出欣喜不已；

我们可以分享与家人、朋友相处时的甜蜜时光；

我们可以细细品味眼前的美食，尽情享受悠长的假期；

我们可以学会与自然和谐共处，去聆听海浪的声音，去仰望璀璨的星空；

我们可以放肆地笑、大声地哭，找个僻静的角落恣意地宣泄心中的情结；

……

“生活在此刻”，摆脱对“下一刻”的迷恋和幻想，不要让欲望和烦恼排挤掉原本应该属于自己的快乐，才能享受生活带给我们的快乐。

著名医学家威廉爵士说“人只能生存在今天的房间里”，这样就能成为一个快乐的人，满意地度过一生。他年轻时也曾经是一个对未来感到迷茫的平凡者，他的好朋友们都知道，他其实也是个普通人。一句话改变了他的一生：“人的一生最重要的不是期望模糊的未来，而是重视手边清楚的现在。”在他的朋友们看来，他的成功只是因为遵照了一句名言：“不要为明天的事烦恼，明天自有明天的事。只要全力以赴地过好今天就行了。”他自己对此也极为赞同，多年后在耶鲁大学一场有名的演讲中，他也是这样告诉那些在读的大学生的。

我们应该为明天制订计划，却完全没有必要舍弃当下的快乐去担心模糊的未来。

美国著名的人际关系学大师戴尔·卡耐基按照快乐而充实的原则，为自己及世人制定了一个快乐生活计划，名字叫做“只为今天”：

只为今天，我要很快乐。假如林肯所说的“大部分的人只要下定决心都能很快乐”这句话是对的，那么快乐是来自内心，而不是存在于外在。

只为今天，我要让自己适应一切，而不去试着调整一切来适应我的欲望。我以这种态度接受我的家庭、我的事业和我的运气。

只为今天，我要爱护我的身体。我要多加运动，善自珍惜；不损伤它，不忽视它，使它能成为我争取成功的最好基础与条件。

只为今天，我要强化我的思想观。我要学一些有用的东西，我不要做一个胡思乱想的人。我要看一些需要思考、需要集中精神才能看的书。

只为今天，我要用三件事来锻炼我的灵魂：我要为别人做一件好事，但不要让人家知道；我还要做两件我总想做的事，就像威廉·詹姆斯所建议的，只是为了锻炼。

只为今天，我要做个讨人喜欢的人。外表要尽量修饰，衣着要尽量得体，说话低声，行动优雅，丝毫不在乎别人的毁誉。对任何事都不挑毛病，也不干涉或教训别人。

只为今天，我要试着只考虑怎么度过今天，而不把我一生的问题都希冀一次解决。我能连续12个小时做一件事，但若要我一辈子都这样做下去的话，就会吓坏了我。

只为今天，我要定下一个计划，我要写下每个钟点该做什么。也许我不会完全照着做，但还是要定下这个计划，这样至少可以免除两种缺点——过分仓促和犹豫不决。

只为今天，我要为自己留下安静的半个钟头，轻松一番。在这半个钟头里，我要使我的生命更充满希望。

只为今天，我心中毫无惧怕。尤其是，我不要怕快乐，我要去

欣赏美的一切，去爱，去相信我爱的那些人会爱我。

专注当下就在永恒，享受永恒只在当下

把每一天都当成最后的日子

古希腊哲学家赫拉克里特有一句名言：“人不能两次踏进同一条河流。”生命中的“今天”都是唯一的。人生只出售单程车票，生命的列车一旦启动，就会朝着前方隆隆驶去，绝无掉头的可能。每个乘坐这辆列车的人，都应该好好考虑一下这个问题：如何让自己的生活过得更加充实，人生更有意义。

或许，把生命中的每一天都当成是最后的日子，不失为一个不错的办法。

试想一下，假如明天世界就将彻底毁灭，那么今天就是生命中的最后一天，我们将如何度过这所剩无几的时间呢？最最重要的就是，要把这最后一天充分利用起来，不能浪费每一秒钟。

我们不能为了昨天的不幸、挫败和悲痛而哀伤，不能因此而使自己的损失更大。过去的永远过去了，时光不会倒流，太阳也不可能从西边升起，我们终究无法纠正昨天的错误，抚平昨日的创伤。一句出口的恶言，一记挥出的拳头，一切造成的伤痛，统统无法收回。我们唯一能做的是，不要去想它，让它永远留在昨天。

我们不能为了明天可能获得的、发生的和期望的而苦恼，因为明天对我们而言是不存在的。不要因为我们对于下一月、下一年有所计划、憧憬，而去虚度、糟蹋这一月、这一年；不要因为目光注视天上的星星而看不见我们周围的美景，甚至踏毁我们脚下的玫瑰花。我们不应该常常生活的预期他幻想的世界中，幻想过度，会使生活趋于枯燥、乏味，会使我们对现在的一切失去兴趣，甚至产生厌恶，会削弱人们享受“现在”的能力。

所以，我们应该生活在今天和当下，不要把精力枉费于对过去的错误与失败的追悔，也不要浪费于对未来的梦幻之中。把昨天和明天统统埋葬，把握今天便已足矣。

如果今天是生命的最后一天：

我们会像被赦免死刑的囚犯，举起双手感谢这个无比珍贵的日子的到来，用激动不已的哭声迎接这最后一次的日出。当想到所有迎接昨天的日出，而今天已不在人世的人，我们会心存感激，自己的确是幸福的，相对来说，今天的时间是我们已是一种过分的奖赏。与那些已经离去的人相比，我们的人生计划尚在进行中，我们拥有一次比他们多的机会去努力尝试实现自己的目标，使自己距离想要成为的那种人有可能更进了一步。

如果今天是生命的最后一天：

浪费时间就是在扼杀生命，所以，我们会你会愤怒地躲避那些在麻将桌上浪费时间的人，憎恨那些浪费时间的行为；对别人的拖延行为，我们会发誓要用自己的行动去摧毁这一恶习；对怀疑，你会用你自己的忠诚埋葬它；对人生的恐惧，你会以你的胆量去分割它。那些专说别人闲话、对他人的行为说三道四的地方，我们不会再去；那些不务正业的事情，我们不会去做；那些游手好闲的场所，我们也不会有片刻的停留。我们终究会醒悟到，懒惰无异于从我们所爱之人手中窃取食物和衣裳。我们不是贼，我们有爱心，今天是我们最后的机会，我们要证明我们的爱心和伟大。我们会用自己的忠诚、自己的爱，去证明人生的价值！

如果今天是生命的最后一天：

那么，它就是我们永垂不朽的纪念日。这一天，我们要把它当成生命中最美好的日子，要使每一小时都不错过，也要使每一分钟只换取有价值的东西。我们会最后享受一下生活，看看朝阳、看看花朵、看看露水，再尝尝美酒，然后不忘记说声谢谢；今天，我们要抚爱自己的孩子，趁他们是少年的时候，明天他们要走了，我们也要走了；今天，我们应该用甜蜜的亲吻拥抱自己的爱人，明天她（他）要走了；今天，我们要帮助一位患难中的朋友，明天他不会再呼救，我们也不会听到他的哭喊声了；今天，我们要致力于奉献和工作，明天我们再没有什么东西可以给予，也没有人再来领受了；今天，我们要比以往更努力劳动，直到肌肉发痛，也还要做下去；今天，我们要比以往拜访更多的顾客，要比以往卖更多的货

物，要比以往赚更多的黄金。今天的每一分钟，都比昨天的每一个小时都有更多的收获。

生命只有一次，如果浪费了今天，就是毁坏了生命的最后记录。所以，我们要珍爱每一天的每一个小时，因为它永远不会再回来。只有“现在”是真实的，只有“现在”是存在的，每一天都是生命的最后一天，我们不应当将生命投射于“未来”的境界，或回归“过去”的地域。我们要用双手抓紧这一天的每一秒钟，并用爱心抚摸，因为它的价值是任何财富都买不到的。如果把生命中的每一天都当做最后一天，始终生活在“今天”，而不是瞻前顾后，我们的生活就会更加充实、更加完美，我们的人生也就更有意义。

珍惜每一次花开，善待每一个脚印

生命是一场旅行，有些人注重旅程中的每一处风景、每一次花开，以“慢生活”的姿态，享受生命的过程；有些人则将目光聚焦于旅行的终点，匆匆忙忙、拼尽全力要在最短的时间内到达“顶峰”。

其实，在人生的旅途中，你快或慢，终点就在前方，所有人都一样。与其在速度与成功的压力下，匆忙地走完一生，不如放慢脚步，发现生活中美好的一面。人生自然会远离枯燥与烦闷，而增添了许多欣喜与乐趣。

从前，一座远离世俗的深山之中，有一座不起眼的小庙，庙里的厨师交给一个小和尚一个大碗，要他到山下去买食用油。在离开前，庙里的厨师严厉地警告小和尚：“你一定要小心，千万别把油洒出来。”

小和尚唯唯诺诺地答应后，就下山到厨师指定的店里买油。在回程的路上，和尚一直惦记着厨师的告诫，愈想愈觉得紧张。他小心翼翼地端着装满食用油的大碗，一步一步地走在上山的路上，丝毫不敢分心，更别提左顾右盼了。

不幸的是，就在快到庙门口时，由于没有看清楚前面的路，小和尚一脚踩到了一个洞里。虽然没有摔跤，可是却洒掉了三分之一的油。小和尚非常懊恼，紧张得手都开始发抖了，再无法把碗端稳。回到庙里时，碗中的油就只剩一半了。

厨师看到小和尚买回来的油所剩不多，自然十分生气，指着小和尚骂道：“要我说你什么呢？不是跟你说了要小心，别把油洒掉了吗？为什么还是浪费了这么多油？这么一点点小事都做不好。”

另一位老和尚听到吵闹声，就跑来问是怎么一回事。了解清楚之后后，就对小和尚说：“我再派你去买一次油。这次，在回来的途中，你多观察周围的人事物，要尽可能看得仔细些，回来后记得跟我做一个报告。”

小和尚经过了上次的事件之后，本想推掉这个任务，但老和尚的坚持，他只有勉为其难地再去一次了。在回来的途中，小和尚遵从老和尚的指示，留心路上的风景，发现其实山路上的风景很美。远方看得到雄伟的山峰，又有农夫在梯田上耕种。走不久，又看到一群小孩子在路边的空地上玩得很开心，而且还有两位老先生在下棋。这样边走边看风景，不知不觉就回到庙里了。当把油交给厨师时，小和尚发现碗里的油装得满满的，一点都没有洒。

在这个几乎被速度掌控的世界里，人们不得不像小和尚一样面对来自各方面的压力及忧虑，于是被迫将自己限定于不断前进的框架中，加速，加速，再加速，以致忽略了生活中随处可见的美好，尤其是对大自然的欣赏。

“诗圣”杜甫一生热爱大自然，把大自然当做最好的医生。在《江村》中，他更是将此种思想表达得淋漓尽致：“清江一曲抱村流，长夏江村事事幽。自去自来梁上燕，相亲相近水中鸥。老妻画纸为棋局，稚子敲针作钓钩。多病所需唯药物，微躯此外更何求。”大意是：清澈的江水曲折地绕村流过，长长的夏日里，村中的一切都显得幽雅。梁上的燕子自由自在地飞来飞去，水中的鸥鸟互相追逐嬉戏，亲亲热热。妻子在纸上画着棋盘，小儿敲针作鱼钩。我老了，多病的身体需要的只是治病的药物，除此之外，还有别的什么奢求呢？

确实，现代人大多生活在大都市中，平时接触的都是高楼大厦，车水马龙的人流，完全生活在钢筋水泥筑成的城市森林中。当我们低头匆匆而行的时候，不但在心底种下了怨怼的种子，还忽略了沿途风光秀美的景色。春花的蓬勃灿烂，夏雨的专注猛烈，秋月的寂寥

淡远，冬雪的晶莹无瑕，小溪的吟唱，蟋蟀的弹奏，鸟儿的放歌……一切都与我们擦肩而过，失之交臂。那么，生活还剩下些什么？

长此以往，城市污浊的空气和浮躁的气氛对健康是非常不利的，利用闲暇走出城市，走进自然，相信一定能收获很多。适度地离开熙熙攘攘的尘嚣世界，当我们不由自主地走近大自然，被清爽的风吹着，嗅着花草的香气，心情就会渐渐地开朗。欣赏大自然带给我们的壮观美景，感谢大自然赐予我们的宽广胸襟，一切苦闷和阴影都会散去，心情会更加舒畅。

一天一个人问孩子们：“你在树林或者田野里玩的时候，你最大的感想是什么呢？”

一个孩子的回答很令人吃惊，他说：“我觉得我是一个科学家，我是在寻找治疗疾病的灵丹妙药，觉得就像我正在探索某些秘密的通道。”

我们来自于大自然，只有回归大自然，才能找到本真的自己。大自然具有无穷无尽的美，大自然也是人类的知心朋友，怀着感恩的心态去品味一切，并和周遭的事物融为一体，喜悦和幸福的感觉便会在内心滋长。

一切，都可以很简单，只需珍惜每一次花开，善待每一个脚印，如此而已。